郑州盆景

游文亮 游江 著

北方文艺出版社
哈尔滨

图书在版编目（CIP）数据

郑州盆景 / 游文亮，游江著 . -- 哈尔滨：北方文
艺出版社，2022.6
ISBN 978-7-5317-5604-0

Ⅰ. ①郑… Ⅱ. ①游… ②游… Ⅲ. ①盆景 - 观赏园
艺 Ⅳ. ① S688.1

中国版本图书馆 CIP 数据核字 (2022) 第 095807 号

郑 州 盆 景
ZHENGZHOU PENJING

作　者 / 游文亮　游江
责任编辑 / 刘佳琪　　　　　　　　　封面设计 / 途信文化

出版发行 / 北方文艺出版社　　　　　邮　编 / 150008
发行电话 / (0451) 86825533　　　　　经　销 / 新华书店
地　址 / 哈尔滨市南岗区宣庆小区 1 号楼　网　址 / www.bfwy.com

印　刷 / 三河市元兴印务有限公司　　开　本 / 787mm×1092mm　1/ 16
字　数 / 246 千字　　　　　　　　　印　张 / 12.5
版　次 / 2022 年 6 月第 1 版　　　　　印　次 / 2023 年 1 月第 2 次印刷

书　号 / ISBN 978-7-5317-5604-0　　定　价 / 50.00 元

前 言

foreword

郑州，是当代河南盆景文化的主要发源地。

郑州盆景，有力地影响并推动了河南盆景事业的发展。

当代郑州盆景的历史，就是由郑州市花卉盆景协会及其艺术家创立"郑州中州盆景""河南中州盆景""中国中州盆景"的发展史。

郑州，又是当代中州盆景艺术风格的发源地，别具匠心的三春柳盆景的艺术风格，于中国盆坛独树一帜。

40多年来，在省、市有关部门的领导与支持下，在郑州市花卉盆景协会的精心组织下，有关单位不间断地举办全市性的盆景展览和学术交流，积极地组织并参与全省性、全国性、国际性的专业活动，有力地推动了郑州乃至河南盆景事业的发展。

1981年，"郑州市中州盆景科研小组"的成立和"郑州市中州盆景研究课题"的立项，拉开了河南创立当代"中州盆景"的序幕。以郑州市花卉盆景协会用乡土树种制作的盆景为代表的中州盆景及其艺术风格，经历了由创立到发展、由弘扬到继承、由传承到创新的发展阶段。至今，走过了漫长而又辉煌的历程。

20世纪80年代，郑州的盆景取材主要是三春柳、石榴和黄荆。其艺术风格，大多在学术交流中以学术论文的形式，或通过新闻媒体进行初步的总结与宣传。进入21世纪，郑州市又涌现出一些新的乡土树种的优秀盆景作品。同时，"郑州中州盆景"已发展成为"河南中州盆景"。郑州市园林局和郑州市花卉盆景协会，不失时机地通过书籍的出版发行，对中州盆景的艺术风格进行广泛的总结与弘扬。

郑州盆景界人士，牢记创立和引领中州盆景事业的初心，在新的历史条件下，在原有优势的基础上，以拓展中州盆景的取材与造型为旗帜，使中州盆景艺术风格日益丰富、日臻成熟，中州盆景正在以坚实铿锵的脚步迈进新时代！

2021 年，以 1963 年郑州碧沙岗公园举办的盆景展览为标志，当代郑州及河南的盆景走过了近 60 年的风雨岁月；2021 年，又正值 18 人的"郑州市中州盆景科研小组"所开创的"河南中州盆景"创立 40 周年。在中州盆景的又一个新的起点，回顾它几十年来发展中的得失，展望它未来正确的发展道路，责无旁贷地落在中州盆景界人士的肩上。

　　当年，为之辛勤耕耘的人们，有的已经作古，有的正步入暮年。本书笔者之一的游文亮是中州盆景及其艺术风格创立前后，一些重大事件的参与者、组织者。历史的责任，促使他回忆并采访了与之有关的大量事件与人员。这里，诚以翔实的材料，客观、公正、真实地还原那段难以忘怀的峥嵘岁月，对前人、对后人、对历史都是一个交待。

　　本书编撰的目的，正在于斯。

2021 年 10 月

目 录

contents

第一章

历史中的郑州盆景

（一）古典郑州盆景掠影

1. 郑州古代陶瓷对中国古典盆景艺术的贡献

盆钵，是盆景的基础条件之一。陶与瓷的出现，为"盆"景的产生与小型化，以及为使其能陈设于庭院或列于几案创造了物质条件。

"引水为沼"，在积水的洼地塑造山水景观或植物景观，是催化与产生有"盆"有"景"的古典盆景的主要形式。就远古时期的生产能力而言，只有陶器、瓷器盆钵的出现，才能使固定于"沼""池"之中的山水景观或植物景观，实现任意地置换于其他空间的蜕变。

郑州，是中华文明的重要发祥地，是中国八大古都之一。自古以来就是中国文明交流的"十字要冲"，域内存有丰富的文化遗产。拥有距今 10 万年与 5 万年的旧石器时代人类遗址，有距今 8000 年的裴李岗文化、距今 6000 年的大河村文化、距今 5000 年的黄帝史诗和距今 3600 年的商都文明。

郑州出土的陶器，有的已有 8000 余年的历史，也是世界上最早的陶器。大河村原始制陶已很发达，陶器造型规整，器类繁多，功用各异。器形中就有多种盆器。这里出土的白衣彩陶盆（图 1-1）、唐三彩盆钵（图 1-2，图 1-3），即可见当时制陶的水平。

图1-1 白衣彩陶盆

图1-2 唐三彩盆钵1

图1-3 唐三彩盆钵2

唐三彩是我国盛唐时期新兴的陶器工艺，它是从汉魏、南北朝的单色釉发展而来，距今已有 1000 多年的历史。唐三彩釉色浑厚，鲜艳夺目，造型典雅，是当时中原、中州文化的代表作。

与郑州毗邻的洛阳、西安等地的古墓中，也出土过不少唐三彩陶器，但它们的产地一直是个谜团。后来，文物工作者在郑州巩县的大、小黄冶河两岸，发现有晶莹斑斓的三彩陶片，这引起了人们的注意。郑州的巩县毗邻洛阳，与偃师搭界，这里蕴藏着丰富的高岭土和煤炭资源，为三彩陶器的生产提供了物质条件。

20 世纪 80 年代初，本书笔者之一的游文亮，曾到江苏宜兴为单位购买盆景用盆，寄住在宜兴长途汽车站对面的旅馆。其间，他恰遇两位巩县老乡。他在谈话中得知，两位老乡是押运整列火车，运送专供宜兴陶瓷生产所用高岭土的。可见巩县高岭土的品质及制陶历史的悠久。

1976 年，文物工作者在巩县的小黄冶电灌站附近挖出探方一个，出土有三彩炉、碗、盆、罐、杯等器皿和三彩马、骆驼、双髻少女等艺术品。又有"开元通宝"铜钱一枚，证明这里的三彩属于盛唐时期；三彩层下，出土器物有盆、罐、瓶、盘等，属于隋末唐初的产品。

这些器皿所蕴含的丰富多彩的文化内容，既反映了当时高超的绘画、陶瓷工艺水平，同时也反映了当时花卉盆景所用盆体达到的历史高度。

2. 古代郑州籍历史名人笔下的盆景艺术

郑州，曾有过商朝的辉煌历史。但在春秋战国之后，逐步沦为些微小县。在今天郑州所辖的巩县、新郑、荥阳，却产生了几位与盆景有关的历史文化名人。

唐代著名诗人杜甫，生于郑州的巩县。他不仅喜爱盆景，还亲自参与盆景制作，并留下不少脍炙人口的诗篇。

"一匮功盈尺，三峰意出群。望中疑在野，幽处欲生云。"

当代著名画家陆俨少，1959 年依杜甫该诗的意境创作出《杜甫诗意图》（图 1-4）。画中，杜甫与居住在郑州南曹乡的亲戚一同制作盆景的情景跃然纸上。

图1-4　杜甫诗意图

唐代的另一位著名诗人白居易，公元 772 年出生于郑州新郑的东郭宅，今称东郭寺村。公元 829 年，白居易病退于洛阳，此后在这里的履道里园生活了 18 年。他的一生中，留下了很多吟诵盆景的诗篇。

"烟翠三秋色，波涛万古痕。削成青玉片，截断碧云根。风气通岩穴，苔文护洞门，三峰具体小，应是华山孙。"

"远望老嵯峨，近观怪嵌崟；才高八九尺，势若千万寻。嵌空华阳洞，重叠匡山岑。邈矣仙掌迥，呀然剑门深。形质冠今古，气色通晴阴。未秋已瑟瑟，欲雨先沈沈。天姿信为异，时用非所任。磨刀不如砺，捣帛不如砧。何乃主人意，重之如万金，岂伊造物者，独能知我心。"

还吟云："青石一两片，白莲三四枝。寄将东洛去，心与物相随。石倚风前树，莲栽月下池"。

"小松未盈尺，心爱手自移。苍然涧底色，云湿烟霏霏。栽植我年晚，长成君性迟。如何过四十，种此数寸枝。得见成荫否，人生七十稀。"这首诗是白居易自栽松树盆景几十年，对松树盆景蔚然成林，葱茏突兀，富有强盛生命力的歌吟。

白居易在《题牛相公归仁里宅新成小滩》中还说："况此朱门内，君家引新泉。伊流决一带，洛石砌千拳。与君三伏月，满耳作潺湲。深处碧磷磷，浅处清溅溅。碕岸束鸣咽，沙汀散沦涟。"

这里谈到"牛相公"，不得不谈及唐代的另一位郑州籍的文化名人刘禹锡。

刘禹锡（约 772- 约 842）与柳宗元并称"刘柳"，与韦应物、白居易合称"三杰"，并与白居易合称"刘白"。他自称"家本荥上（今郑州荥阳），籍占洛阳"。更值得一提的是他和白居易是挚友。

刘禹锡的山水诗，有一种超出空间实距的、半虚空的开阔景象，如"水底远山云似雪，桥边平岸草如烟"，见《和牛相公游南庄醉后寓言戏赠乐天兼见示》。

值得关注的是，刘禹锡和白居易是朋友，他们有着共同的爱好与情趣。如果以上"刘白"二人诗作中谈及的"牛相公"同为一人，那么，刘禹锡与两位盆景制作人有没有共同的盆景爱好呢，能不能从他留下的诗文中，寻觅到古典中州盆景的一些信息呢。

郑州荥阳的唐代诗人李商隐，与杜牧合称"小李杜"。约于公元 829 年结识白居易。大约于公元 858 年病故于郑州荥阳。他一生中也留下了大量的诗文。其中有："定定住天涯，依依向物华。寒梅最堪恨，常作去年花。"李商隐是否与盆景爱好者、制作者白居易有着共同的情趣与爱好呢，能否从他留下的诗文中，也能找到古典中州盆景更多的痕迹呢。

唐代，是古典中国盆景的兴盛时期。从当时的文化名人的诗文中挖掘再现那段历史中郑州、河南盆景的概况，探寻郑州乃至中州、中国盆景的历史轨迹，是可行的道路之一。

笔者谈及这些历史往事，其目的在于，笔者殷切希望有志于挖掘与探索古典中州盆景历史的有识之士，能潜下心来，从事这一浩瀚而又繁杂的光荣事业，能够再现古典中州盆景历史的丰富多彩，从盆景的角度，印证久远而又厚重的河南文化，她包罗万象，渊源流长。

（二）近代郑州盆景概况

1. 20 世纪 50 年代前后的郑州盆景简说

郑州，历史上5次为都，8次为州，多谓"郑县"。尽管有着5000年的文明与辉煌，但由于历史的沿革，直至20世纪40年代末期，它尚是一个面积仅有几平方公里的小城市。1908年，由于卢（卢沟桥）汉（汉口）、汴（开封）洛（洛阳）两大铁路完工并交会于此，郑州开始成为中国铁路的"心脏"，并逐渐形成中国重要的铁路交通枢纽。这座"火车拉来的城市"，如今成为愈千万人口的大都市。

20世纪40年代末至20世纪50年代初期，郑州繁华的市区仅局限于火车站，大同路，福寿街，德华街，南、北、东、西大街。郑州的老衙门，即现管城区政府所在地，也是繁华地段之一，南五里堡、西五里堡、十里铺……都是由此处开始丈量而得名。

就盆景而言，城市小，人口少，经济、文化落后，成为盆景事业发展的桎梏。据老一代人及年长者回忆，在当时的郑州，只有在较有名气的宾馆、旅店、饭店、车站，以及公园、学校，偶尔能够见到盆景的布置与陈设。品种也仅限于石榴、桂花、翠柏（郑州人习惯称之为翠蓝松）等。常见的多为盆栽植物，名贵的有铁树、柑橘、佛手、桂花、仙人掌等。

20世纪50年代，有人从市场上买回"上水石"（页化石、芦管石），回家置于盆、盘之中，注入水以供观赏。还有人在其上撒上麦籽、谷粒，或将蒜瓣植于其中，似有山，有水，有植物。也有人在冬季把白菜底部削平置于盘中，注入清水，放在较温暖的阳光下，待其长出嫩绿的芽、叶，以供观赏。这大概就是那个时代郑州初级盆景的真实写照。

2. 20 世纪 60 代的郑州盆景

1954 年，河南省会由开封迁至郑州，并在当下的金水区内建设了省政府所在地的"行政区"。按照当年苏联专家的城市规划，郑州的主要街道布局以俄罗斯的城市建设风格为参照，形成不南不北、不东不西的格局。今天保留下来的的人民路，也是造成二七广场交通不畅的原因之一。原本郑州的工业区也要建在行政区附近，在时任市委书记宋致和、时任市长王均智的主政下，不仅街道改为了中国以东西、南北为走向的传统布局，工业区也由郑州东部移至西郊。

西郊原属于沟壑纵横的黄土丘陵地带。城市要在这里发展，就必须进行大规模的改造。笔者记得在过去，由时下的碧沙岗公园沿建设路向西，就是一条深沟，小毛驴是这里唯一的交通工具。平沟铺路，修建了由市区通往西郊的马路。开通了由火车站经二马路、解放西路，过二道街、西闸口跨京广、陇海两条铁路，再由时下的建设东路跨金水河西行，至国棉一厂的 1 路公交车线。为郑州西部的发展与繁荣，为碧沙岗公园及其盆景苑的辟建，提供了先决条件。

郑州城市的发展，尤其是郑州西郊工业区，如热电厂、纺织印染企业、郑州第二砂轮厂、郑州电缆厂、郑州煤矿机械厂等工矿企业的建成与投产，人口也越来越多，对节假日游玩休闲场所的需求也与日俱增。

昔日的"老冯义地"，即冯玉祥将军麾下北伐军牺牲将士的碧沙岗陵园，建在西南梅山向东北延伸的东北端部，园内树木葱茏，占地 400 亩。市政府于 1956 年将它改建为碧沙岗公园。原本要向东扩展，由于这里已规划要建军事单位而未实现。1957 年 5 月 1 日，碧沙岗公园正式向游人开放。

这里，之所以谈及碧沙岗公园，其原因在于该公园辟建了河南省的第一家专业盆景园，起初的名字为盆景苑，后改为盆景馆。它深深地影响并推动了全省的盆景事业，为以后河南中州盆景艺术的产生与发展，起到了不可磨灭的历史作用。

20 世纪 60 年代末至 20 世纪 80 年代初期，是河南中州盆景的孕育产生时期。早在 20 世纪 50 年代至 20 世纪 60 年代，时任郑州市城建局局长兼总工程师的程广远同志，受时任市长王均智的委托，对碧沙岗公园的建设十分关心，对该公园的花房、盆景苑的辟建尤为关注。他经常来到这里指导工作，竣工后仍常常到此处视察或浏览。

20 世纪 60 年代初，时任碧沙岗公园主任的李力民牵头，由 1962 年调至这里工作的美术师孟兰亭、老花匠杜清茂负责，于 1963 年组建了碧沙岗公园盆景苑。

在《郑州园林》第 1 期中，由冯钟粒、赵佩君二位先生发表的"郑州市城市园林建设成就与展望"里，有"郑州 1963 年（碧沙岗公园——编者注）开始引进盆景和制作盆景"的记载。

孟兰亭、杜清茂先后到全国各地参观学习那里的盆景技艺，并购回许多树桩盆景和山水盆景。他们从广州买回雀梅、福建茶、榆树、勒杜鹃、三角梅、九里香等树桩和英德石山水盆景；从上海龙华苗圃买回五针松、罗汉松、锦松、真柏盆景；从江苏的南通、如皋、泰州引进罗汉松盆景；从四川购回六月雪等树桩和沙积石山水盆景。他们还到开封原来的大户人家购置大型的盆景及盆架、几座等设施。随后，他们先去郑州郊县与河南省中部的嵩山、南到信阳鸡公山、北到安阳太行山、西至三门峡的亚武山、东至开封等地，考察盆景资源或采挖桩材。特别是到开封挖回三春柳进行盆景制作，推动了郑州市盆景的进步，引领郑州走上了就地取材，凸显地方特色的发展之路。

按照当年城市园林部门的规划："人民公园以大理花为主，碧沙岗公园以菊花为主，紫荆山公园以柑桔为主，组织各种盆花展览，向领导和群众汇报公园建设成就。"在当年碧沙岗公园举办的菊花展览中，同时举办了河南有史以来的盆景展览。

由于碧沙岗公园的盆景来自全国各地，因此只要来这里游览，就能领略全国各地盆景艺术流派的代表之作，从中可以了解与学习各地的盆景艺术风格和造型技艺。它山之石，可以攻玉。兼取并蓄各传统盆景流派之长，为日后郑州市盆景事业的蓬勃发展，为创立当代"中州盆景"及其艺术风格，奠定了思想基础。不仅使广大群众对盆景艺术有了进一步了解，也推动了开封、洛阳、平顶山、南阳等地市园林专业单位盆景事业的发展。

郑州碧沙岗公园盆景苑筹建者之一的孟兰亭先生，长期从事各种大型展览的美术设计工作，具有中国画的功底。他 1948 年参加工作，中华人民共和国成立时，孟兰亭圆满地完成了郑州市政府筹备国庆大会会场的设计工作，还曾三次担任全国工业新产品、全国城市园林绿化和城市建设成就展览"河南馆"的总设计师。他 1962 年调至这里负责盆景工作之后，便潜心研究盆景艺术。他对全国各地的盆景之长，虚怀若谷，没有门户之见，也注重联系郑州市盆景界的社会人士，并善于将他们团结起来。

孟兰亭致力于画意盆景。他运用绘画原理，在盆景创作中，将树、石、船、桥、亭、人物等盆景配件合理配置，使作品成为一幅幅内容丰富、思想性强，并富有艺术感染力的立体画面。

在碧沙岗公园举办的这次郑州市首届菊花展览中，他用方形紫砂花盆创作了水旱盆景。其中有牧童坐骑卧牛的盆景配件，有"山"，有"水"，有"房子"。在他的指导下，杜清茂先生用菊花老桩制作了菊花盆景。孟兰亭的水旱盆景又在日后的春节花展中取名为"春放牛"，均受到参观者的喜爱。这是郑州有史以来，在全市性的展览中最早出现的郑州人自己制作的盆景作品。

20 世纪 60 年代初期，他们又先后制作了《收租院》《爬雪山》《过草地》《抢渡大渡河》《天险蜡子口》《狼牙山五壮士》《游览祖国名胜》《向雷锋同志学习》《海岛女民兵》等盆景作品并向游人展出。20 世纪 80 年代初期的《伯乐》《伯牙碎琴》《西厢记》《菊花诗会》《游春图》《南方小景》《公园里的早晨》《渔家乐》《松萌八骏》《河塘鸭戏》《桂林山水甲天下》，都是他和杜清茂及其助手，巧妙运用配件与题名的画意盆景。这些盆景尽管比较粗放，但它们的制作与展出，对郑州乃至河南盆景的宣传与普及，起到了积极的推动作用。同时也可以看出，任何文艺作品都具有时代烙印。从盆景的命名，也反映出那个时代的社会意识和历史痕迹。

孟兰亭为了总结画意盆景艺术的创作实践，他撰写了《中国绘画与中国盆景》，其作品被收入 1997 年 10 月在第四届亚太地区盆景赏石会议暨展览会后汇编出版的《中国盆景论文集》。

碧沙岗公园盆景苑建设初期的另一位盆景工作者，是长期在开封杜家花园当花工的杜清茂先生。他最早将开封、郑州及其附近的三春柳、石榴、小叶女贞、二花、迎春、枸杞等乡土树种，以及页化石、芦管石引进盆景苑并从事盆景制作。尤其是他最早将三春柳用于只修剪不蟠扎的自然式的盆景制作，引领了郑州三春柳盆景的取材。

杜清茂先生几十年管理盆景含辛茹苦，任劳任怨。酷暑夏日，常光着上身锄草、施肥、浇水，因此被太阳晒得黝黑，人们戏称其为"黑人"。在植物生长季节，对盆景，他从不浇灌清水，皆用非常稀薄的矾肥水，手提水壶，一壶一壶地浇灌。在严寒的冬季，带领助手赵中建、杨建伟、任永生等人到山区采挖树桩。一次到信阳的狮河港采挖桩材，正值 11 月份的寒冷天气。由于大雪封山，无法出来，几个人甚至有生命危险。几经周折，终于拉回来两卡车的盆景桩材。

大学毕业后分配到碧沙岗公园工作的谢彩云同志，担任盆景苑的技术员，工作兢兢业业，把自己的专业知识用于乡土树种盆景管理工作的实践。她为人谦虚随和，团结了广大的社会盆景爱好者，为中州盆景队伍的建立做出了积极的贡献。虽然她工作有几次调动，但每到一个新的单位，她都十分重视盆景的发展工作。

这个时期，从外地购买盆景到以乡土树种为主制作盆景，为当代的"中州盆景"的取材确立了地方特色的发展方向。

3. 由园林专业单位走向社会的郑州盆景

1949 年后，我国的盆景专著逐步问世。一些报刊也积极地宣传盆景作品、盆景名家，以及盆景制作与养护方法，尤其是《新民晚报》对周瘦鹃先生及其作品的报道。

在一些文化用品，诸如笔记本、日记本、画册中……常用盆景图片给予装饰或美化。盆景已不单单是园林专业单位的事情。在广大群众的文化生活中，也逐渐成为不可或缺的内容。笔者曾看到一个日记本中的盆景摄影插图，浅浅的花盆中，一块玲珑剔透的石头旁，仅栽了一枝翠竹，题名为"孤竹怪石"，一"孤"一"怪"的题名，生动地体现出作品的意境。多年过去了，至今仍让笔者记忆犹新。

进入 20 世纪 70 年代，文化生活单调的市民群众中喜爱花卉的人士，逐渐移情于盆景艺术。

碧沙岗公园盆景苑渐渐有了规模，这里每逢年节举办的盆景展览影响越来越大。盆景这一古老的传统艺术，在被越来越多的人们喜爱的同时，盆景苑也成为有心从事盆景制作者的学习园地。他们常常来到这里，学习交流盆景的制作方法和树桩栽培、水肥管理，以及病虫害防治的常识与方法。部分人日后成为郑州市花卉盆景协会（简称"郑州盆协"）的发起人，有的成为创立中州盆景艺术风格的骨干。

盆景苑在盆景由园林专业单位向社会广泛的发展中，不仅起到了示范与推动作用，也成为二者互相紧密联系的纽带，为日后"中州盆景"的创立奠定了社会基础。

在碧沙岗公园全体员工的精心呵护下，这里的盆景保存尚好，为日后引领郑州乃至全省盆景事业的发展做出了贡献。

让我们再从社会盆景爱好者的盆景取材与制作，大致了解一下 20 世纪 60 年代至 20 世纪 80 年代初，这 20 年间郑州盆景的发展概况。

李春泰先生自幼热爱书法绘画。艺术的熏陶让他喜爱上了盆景艺术。1971 年，他从开封挖回一棵三春柳小苗，制作成云片式松树型盆景（图 1-5），先后在 1979 年的郑州市群众花卉展览、1982 年的首届河南省盆景展览、1985 年的首届中国盆景展览中展出。这也是郑州社会盆景爱好者用三春柳从事盆景蟠扎制

图 1-5　云片式松树型

作较早的一例。他还多用雪艾（芙蓉菊）制作盆景。可以说他是当年郑州树桩盆景制作中的佼佼者。

这个时期中，郑州的盆景爱好者姚乃恭先生，曾在郑州市拖拉机配件厂工作。因单位的技术革新，常到上海出差。由于喜爱花卉盆景，闲暇之余常到龙华苗圃的花房参观学习。1971 年始，他先后六七次来到这里。到殷子敏大师家拜访，又结识了汪彝鼎大师。当时这里的小盆景出口国外，花房分为几个小组，其中就有山水盆景创作组。姚乃恭就在该小组向殷子敏、汪彝鼎两位先生学习山水盆景的创作，并学习所用工具的制作方法。回来后用河南当地的石料制作山水盆景（图 1-6）。

魏义民先生，年轻时是汽车司机，从南太行地区捡回斧劈石制作的山水盆景别具一格（图 1-7）。他和姚乃恭二人的山水盆景制作，带动了郑州市此类盆景艺术的发展。

图1-6 斧劈石山水盆景 姚乃恭　　　　　　　　图1-7 斧劈石山水盆景 魏义民

那时，许多郑州的盆景爱好者无不趁出差之便，到各地参观学习盆景技艺或购买材料。

梁季春先生热情厚道。他曾是火车司机，利用铁路交通之便，从四川成都购得一批六月雪。还与郑州市花卉盆景协会的另一位会员，用一辆汽车从宜兴拉回紫砂花盆。解决了盆景界朋友缺少树桩和盆景用盆的燃眉之急。

20 世纪 70 年代中期，本书笔者之一的游文亮，曾自武汉乘船经九江庐山至上海。在庐山植物园得到一棵日本真柏小苗，将其视若珍宝。他还在上海闵行苗圃购得两棵小叶罗汉松，这都是当年在郑州难得的盆景材料。他又在上海城隍庙的"铁画轩"紫砂老店购得紫砂花盆。20 世纪 80 年代初，在他为单位出差购买园林苗木的同时，于苏州的光福镇窑上村购得雀梅、龙柏、骨里红、绿萼梅等盆景古桩。他在苏州留园（当年苏州盆景最多的地方）拍了许多张盆景照片。其中"秦汉遗韵"的柏树盆景，云片式的"雀梅王"、黄荆"沐猴而冠"，至今还历历在目。他在南通购得微型花盆，在扬州"红园"购得汉白玉山水盆景用盆，还曾到泰州、如皋参观学习那里的盆景造型。

在河南盆景界所有人士中，曾见过盆景艺术大师周瘦鹃先生的，唯郑州国棉五厂的老技工钟照煜先生一人。

钟照煜，1935年出生于山东诸城著名的书香门第。近代著名的风云人物康生、许德纯等人或为其曾祖父钟凌阶的门生。著名诗人臧克家也是他们家的常客。

钟家世代酷爱花卉、盆栽、盆景。钟照煜青年时期曾在青岛劳务局学习，后被分配到省农业局农林事务所的中心公园盆景房工作。

由于民国时期周瘦鹃先生的花卉盆景，多次在国际性的花赛中夺魁，名气很大，钟家几代人都对他十分仰慕。1948年春，13岁的钟照煜随其父到上海寻亲，途中经过苏州。钟照煜父亲对他说，来苏州不去拜访一下周瘦鹃先生，不能看看他的东西，将是一大憾事。在钟照煜哥哥的一位朋友资助下，终于成行。经多处打听，他们来到位于苏州王长河头的紫萝兰小筑，即后来的周家花园。由一位周家邻居引路，叫开院门。出来的正是身着中装，外披黑色圆领毛呢大氅，个子瘦高的周瘦鹃先生。得知到访者是由山东慕名而来，周瘦鹃热情地笑着将客人迎入院内，让他们随意参观浏览。时值2月初，院内的梅花盛开，但盆架上空空如也，所有的花卉盆景盆栽尚未出房。院中的黑松、月门、太湖石、水面、青砖铺设的蜿蜒小路……都给少年的钟照煜留下了深刻印象。临走时，周先生又热情地把他们送出门外很远的地方。从中体现出这位著名作家、园艺家平易近人的风范。这些是钟照煜一生热爱花卉盆景的一个启蒙。1962年他在由西华到扶沟的路途中，路经一个小型的新华书店，见有周瘦鹃编著的《花前锁记》《园艺杂谈》《蔬菜小品》，但他由于手头拮据，仅买了《园艺杂谈》。现在游文亮收藏的《园艺杂谈》一书的复印件，就出于此书。

钟先生从20世纪60年代初期，在自己家10多平方米的小院中种花种草。还捡来大块的炉渣做成山水盆景，养出青苔，种上小植物，放置配件，颇有观赏价值。由于游文亮与钟照煜既是工友还是挚友，因此受他的影响，游文亮也到当年的碧沙岗市场土产门市部，买回神垕钧瓷的盆景用盆，挖来迎春、百日红等开始学习树桩盆景制作。1965年，游文亮出于对盆景的热爱，在学校组织的"野外拉练"中，捡回劣嶂石用水泥粘合，摆放于将底孔封住的大花盆中，饲养小金鱼，也算是游文亮盆景制作的第一次尝试。他还与郑棉五厂的另一位花卉爱好者叶新民，骑自行车到密县的白寨水库附近，采挖页化石学习制作山水盆景。

由于游文亮和郑棉四厂的钳工高手李闯先生有师生之谊，李闯带游文亮到铁路枢纽站的水沟边采挖三春柳。还领他到南曹、林山寨的老坟地采挖黄荆。李闯与碧沙岗公园的老花工杜清惠是挚友，游文亮通过他结识了杜清惠、杜清茂，并向他们学习花卉盆景的栽培与管理。

在他们的启蒙下，游文亮从 20 世纪 70 年代初期，走上了花卉盆景之路，放弃了原学的纺织专业，调入郑棉五厂花房从事盆景花卉的管理工作。

李闯先生，还趁到广东出差的机会，在广州、佛山学习岭南盆景，并购置那里的盆景配件。此时，傅耐翁、徐晓白、沈荫椿等人的盆景专著先后出版发行，深深地影响了河南的盆景爱好者。

碧沙岗公园盆景苑建园初期，就重视在外购盆景的基础上，开发利用乡土树种从事盆景制作。

就三春柳而言，据钟照煜回忆（他与孟兰亭曾在市里组织的宣传小组工作过，且是碧沙岗市场仅隔一条街的对门邻居，多年的朋友），20 世纪 80 年代初，碧沙岗公园盆景苑，一次挖回来的三春柳就有三卡车。先集中于公园南边的金水河处（现在的 57 中学南边的金水河桥头），再运回来从事盆景制作。在今天的公园西南角（盆景苑旧址）仅存的一棵大型盆栽三春柳（图 1-8），就是这次采挖回来的。

图1-8 碧沙岗公园西南角大型盆栽三春柳

在碧沙岗公园盆景苑的启发下，社会上的盆景爱好者也利用地方乡土树种，诸如三春柳、石榴、黄荆、迎春、二花、枸杞、小叶女贞等制作的盆景越来越多，使郑州盆景在取材方面，突出了地方特色。至此，郑州市盆景事业的发展，出现了园林专业单位与社会盆景爱好者互相学习、共同发展的热潮。也于无形之中，孕育着中州盆景及其艺术风格的产生。

第二章

为创立当代"河南中州盆景"而努力

（一）"中州盆景"历史的几个阶段

"中州盆景"的历史，可以简明地概括为"郑州中州盆景""河南中州盆景"和"中国中州盆景"三个阶段。这种划分，是依据"中州盆景"的实践活动及其影响的范围而界定的。

1. "郑州中州盆景"历史阶段

自 1963 年河南省首个盆景专业园辟建，至 1981 年郑州市中州盆景科研小组的成立，可谓"郑州中州盆景"的历史阶段，它是"中州盆景"的孕育产生时期，也可以说是"中州盆景的初创时期"。

在这个时期，碧沙岗公园盆景苑以乡土树种的盆景取材，影响了郑州社会盆景的发展，凸显出郑州盆景取材的地方特色。在盆景造型上，三春柳盆景的垂枝式垂柳型、云片式松树型、石榴的嫁接改种技术，凸显出盆景造型艺术的优势。

图2-1 《柳荫牧马》

为了迎接首届河南省盆景展览，郑州市首先提出了"中州盆景"的概念，继之成立了 18 人的"郑州市中州盆景科研小组"。它的活动不仅在理论上提出了郑州、河南要走地方树种取材优势的发展道路，重点发展三春柳盆景，在盆景的造型上，要发展三春柳的垂枝式和云片式的两种造型，而且在实践活动中，团结了广大盆景工作者与爱好者，为参加河南省首届盆景展览组织了具有独特风格的优秀作品。其中张瑞堂垂枝式垂柳型的《柳荫牧马》（图2-1）和李春泰云片式松树型的三春柳盆景（图2-2）在小组的研讨和之后的省盆景展览中得到业界的一致好评。同时，该小组的科研成果为展会提出"河南中州盆景"的概念，为原河南省风景园林学会会长、省城建厅园林处处长魏伟先生，向全省发出"要

图2-2 云片式松树型三春柳盆景

创出具有中州特色的盆景风格"的号召奠定了基础。

2. "河南中州盆景"历史阶段

自 1983 年在"全国首届盆景老艺人座谈会"上，"河南中州盆景""中州三春柳盆景"的概念首次被提出，并得到中国盆景专家的肯定，至 1986 年第二届河南省盆景展览，可谓"河南中州盆景"的历史阶段，也可以说是中州盆景的成型时期。在此期间，中州盆景及其艺术风格在全省大规模地发展，并在全国盆景专业活动中得到了充分的展示与充分肯定。经过 20 多年的发展，河南中州盆景在取材上进一步多样化，在造型形式和造型技法方面的内容进一步丰富。

山水盆景作为中州盆景的一个重要组成部分，也显现出它的地方艺术特色。

郑州附近的山区分布着大量的灰色石灰岩，由于它天然的造型缺乏变化，制作一些雄浑粗犷的山水盆景，尚有一定的艺术价值。与郑州毗邻的南太行山分布着红色的斧劈石，适于制作山峰陡峭的山水盆景。在中州盆景创立的早期，郑州的盆景艺术家多用这些材料从事盆景制作，如张顺舟制作的人民公园山水盆景（图 2-3）。之后，人们从外地购回英德石、龟纹石、浮石制作盆景（图 2-4）。近些年，郑州市花卉盆景协会的高强，购买了许多价格昂贵的石料从事山水盆景制作，他用葡萄玛瑙制作的盆景，艺术效果别具一格，并在第 11 届中国国际园林博览会中荣获金奖。

图 2-3　人民公园山水盆景

图 2-4　浮石挂壁山水盆景　游文亮

1983 年，在首届河南省盆景展览的推动下，郑州、开封、洛阳、平顶山、南阳、新乡、焦作、安阳、信阳、商丘等地市的盆景事业进一步明确以发展中州盆景为目标，并得到快速发展。在各城市的园林单位或社会盆景爱好者的作品中，三春柳、石榴、黄荆盆景比比皆是。

1983 年 9 至 10 月，郑州市城建局与郑州市花卉盆景协会举办了全市性的"首届郑州市盆景展览"，参展人数和作品规模空前。其中张瑞堂先生的《丰收在望》（图 2-5）第一次在展会上亮相，进一步推动了三春柳盆景垂枝式垂柳型的造型艺术。这次展览，为以后郑州市、河南省花卉盆景协会的成立，为"中州盆景"登上河南、中国盆景大舞台，做出了作品上、组织上的准备

图2-5 《丰收在望》

1984 年，郑州、洛阳、开封、南阳、新乡、内乡的花卉盆景协会或盆景协会相继成立。同年，以河南省城建厅园林处处长魏伟为会长的河南省花卉盆景协会在平顶山市成立，形成了统一的大规模发展河南中州盆景及其艺术风格的队伍。以郑州市花卉盆景协会理事张瑞堂首创的垂枝式垂柳型；以郑州花卉盆景协会理事李春泰首创的云片式松树型；以郑州市花卉盆景协会梁凤楼首创的大果嫁接小果的石榴盆景和他的云片式松树型三春柳为代表的中州盆景代表作，相继在国家级、国际性的展览或专业学术性的研讨会中产生巨大的影响。

尤其是 1985 年首届中国盆景评比展览的参与，首次让中州盆景登上了中国盆景的大舞台。游文亮在《郑州晚报》发表的《独具特色的三春柳盆景》（图 2-6）和《源于自然高于自然》（图 2-7）中，对荣获一等奖的梁凤楼的石榴盆景，荣获二等奖的张瑞堂、李春泰、马建新的三春柳盆景分别进行了报道。孟兰亭、游文亮先后发表了一系列的关于河南中州盆景及其风格内容的文章，进一步扩大了"中州盆景"的影响。

图2-6 《独具特色的三春柳盆景》　　　　　图2-7 《源于自然高于自然》

在1986年于洛阳举办的"第二届河南省盆景展览"的学术研讨会中，在魏伟先生的倡议下，大会通过了关于河南盆景统一称谓的提议。

1987年，在河南省花卉协会秘书长张兆铭先生的精心策划下，河南省的盆景在首届中国花博会中取得优异成绩。其中李春泰的云片式三春柳荣获一等奖（图2-8）。

继而，在1989年的第二届中国花博会中，梁凤楼的三春柳盆景（图2-9）又荣获一等奖。

图2-8 云片式三春柳盆景 李春泰　　　　　图2-8 云片式三春柳盆景 梁凤楼

在1989年于武汉举办的第二届中国盆景评比展览中，在郑州选送的30盆作品中，大部分为三春柳盆景。其中鹿金利的《俯首白云低》（图2-10）荣获一等奖，在业界和新闻界产生很大的影响。中国花卉盆景协会的负责人之一的胡运骅先生来到郑州展区，仔细观赏《俯首白云低》（图2-11）。盆景艺术大师贺淦荪先生观赏该作品后，与鹿金利等人一起合影（图2-12）。

图2-10 《俯首白云低》

图2-11 胡运骅观赏《俯首白云低》

图2-12 贺淦荪等人合影

　　《俯首白云低》这盆作品是鹿金利与其父鹿进新合做的。鹿进新年轻时喜欢绘画，父子俩的作品总是富有诗情画意。

　　1992年，在洛阳举办的中国盆景插花根艺赏石展览中，河南的三春柳盆景作品琳瑯满目。中国的盆景专家及老艺人齐聚一堂。他们对河南三春柳盆景的取材与造型给予了充分的肯定，并大加赞赏（图2-13，图2-14），再一次扩大了中州盆景在全国的影响，进一步树立了河南中州盆景在中国盆景中的地位。

图2-13　与会的中国盆景专家仔细看郑州展团的三春柳　图2-14　与会的中国盆景专家就郑州展团的三春柳盆
　　　　　盆景　　　　　　　　　　　　　　　　　　　　　景进行交流

　　1992年，在北京举办的国际盆景理论研讨会中，梁凤楼的云片式松树型的三春柳盆景再次荣获一等奖（图2-15）。

图2-15　云片式松树型三春柳盆景　梁凤楼

　　在1997年的第四届中国盆景评比展览中，郑州市花卉盆景协会的原秘书长姜南先生，他首创的经过"二次造型"的垂枝式垂柳型三春柳盆景《归牧》（图2-16），胡树显用原桩大果嫁接小果石榴的盆景《碧空苍龙》（图2-17）均荣获一等奖，还有多盆三春柳盆景获得二等奖和三等奖。

图2-16 垂枝式三春柳盆景 姜南

图2-17 《碧空苍龙》

在"郑州中州盆景"向"河南中州盆景"发展的过程中，郑州市花卉盆景协会的张瑞堂、梁凤楼、李春泰、鹿金利等人是中州盆景优秀作品的制作者，杨喜光、孟兰亭是"郑州中州盆景"称谓的确立者，魏伟是"河南中州盆景"的冠名者。这里应该提到的是梁凤楼先生从艺盆景将近 60 年，年届 80 高龄，是中州盆景尚健在的主要创立者之一。能从石榴、三春柳两个树种盆景，自始至终引领着中州盆景的发展，也唯独梁凤楼先生一人。

郑州晚报社曹地、游文亮为宣传扩大中州盆景的影响做了大量工作。游文亮根据中州盆景多年来的发展现状和中国盆景业界专业人士的意见，总结并提出了"中州盆景要以地方性的杂木为主，大力发展三春柳、石榴、黄荆盆景造型，尤其是发展三春柳垂枝式、云片式造型，并要重点发展垂枝式垂柳型盆景"的主张。

这个时期，中州盆景向精细化发展，逐步改掉以往"大、老、粗"的缺点。姜南的《归牧》以现在的眼光看，缺少枝条的年功，缺乏自然的过渡。但在那个年代，正是他的作品通过"二次造型"的艺术手法显现出精细化的优点，才被评为一等奖。并且日后为郑州、新乡、商丘等地的盆景界所广泛采用。这次活动，使"河南中州盆景"的艺术风格进一步在中国盆景舞台上扩大了影响。徐晓白、潘仲连、殷子敏、胡运骅、韦金笙等人都给予高度的评价。

这里不得不提的是，垂枝式垂柳型三春柳盆景在河南许多城市得到了推广与普及。但郑州却把重点放在了三春柳云片式松树型的制作上。将近十年之后，这种偏离中州盆景"灵魂"的趋势才得到了根本改变。

2001 年，在苏州举办的第五届中国盆景评比展览中，郑州市人民公园的张顺舟制作的《卧龙松》（图 2-18）荣获金奖。在上海举办的中国花卉博览会（以下简称"花博会"）中，他们的《悠然怡情》又荣获盆景评比的最高奖项。

图2-18　《卧龙松》

"中州盆景"经过 20 年的发展，河南各地具有地方艺术风格的盆景数量日益增加，风格更趋丰富。为了对"河南中州盆景"进行系统的总结，20 世纪末，游文亮与《郑州晚报》副刊编辑李昊走遍中州，对中州各地具有地方特色的盆景人士深入采访。2000 年编著了《中州盆景艺术——杂木类盆景的制作与养护》一书。日趋丰富与成熟的"河南中州盆景"这面旗帜，在中国的盆景百花园中更加光耀夺目。

3. "中国中州盆景"的历史阶段

21 世纪的第一个 10 年，中州盆景进入"中国中州盆景"的历史阶段。

在该时期，以三春柳、石榴盆景为代表的"河南中州盆景"进一步丰富与完善。在 2009 年的中国第七届花博会中，贾瑞东的垂枝式垂柳型三春柳盆景《柳荫放牧》（图 2-19）荣获金奖。该作品更讲究树桩枝条的分布与蟠扎的精细，不像有些获奖作品，只能看桩景的轮廓，而不能看内在枝条的布局与年功。"精细化"越来越被郑州盆景协会所重视。

在此时期，特别是原桩原果的石榴盆景在郑州、商丘、许昌、新乡、漯河等地迅速发展。其中郑州市花卉盆景协会齐胜利的《太平盛世》（图 2-20）在第八届中国盆景展览中荣获金奖。

在此阶段，郑州乡土树种的金雀（图 2-21）、白刺花（图 2-22）盆景与日俱增，进一步凸显出河南中州盆景的取材优势和造型的艺术风格。

图2-19 《柳荫放牧》 贾瑞东

图2-20 《太平盛世》 齐胜利

图2-21 金雀 人民公园 张顺舟

图2-22 白刺花 梁凤楼

　　2008年前后，继上海科技出版社和中国盆景专家韦金笙先生主编的《中国盆景流派丛书》之后，游文亮受约与郑州市园林局原副局长薛永卿编著了《中国盆景风格丛书》中的《中国中州盆景》。该书由中国园林泰斗陈俊愉题写书名，并于2010年上海科技社出版发行。至此，30年磨一剑的"中州盆景"破茧而出，跨入"中国中州盆景"的历史阶段，成为中国盆景民族风格一个重要的组成部分。

（二）当代中州盆景产生的过程

1.具有地方艺术特色盆景作品的问世

为了庆祝中华人民共和国成立30周年，原国家城建总局园林绿化局于1979年9月11日至10月24日，在北京北海公园主办了中国盆景艺术展览。以此为标志，中国盆景事业进入了全面恢复与创新的发展时期。与此同时，郑州市的花卉盆景事业也迅速地恢复并蓬勃地发展起来。

1979年10月，为了丰富郑州市民国庆期间的文化生活，在原郑州市城建局的组织领导下，时任郑州市人民公园主任的杨喜光、工程师潘少华（市城建局园林处长黄灏先生的夫人）、花房负责人刘保亭等，精心组织举办了"郑州市群众花卉展览"。盆景爱好者制作的树桩盆景、山水盆景与各种花卉一并展出。展品总数有七八十盆，盆景约占一半。其中，李春泰先生的展品有云片式松树型的三春柳与雪艾；张瑞堂先生的展品为六月雪；陈同修先生的为女贞；耿秀全的为三春柳盆景。家住管城回族区北下街的马培瑞先生送展的仙人掌类的"太湖山"盆景别具一格。姚乃恭、魏义民两位先生的斧劈石山水盆景尤为参观者青睐。这次展览，凸显出盆景取材的地方特色。

当时社会上的梁凤楼、周连城、钟照煜、李闯、梁季春、陈明忠、张群等人，都是那个时期种花种草、养植盆景的爱好者。更值得一提的是，已离休的市文联副主席徐健先生养有多盆盆景。在他那里，可以见到包括"悬枝梅"在内的各种鄢陵蜡梅盆景的造型。郑州国棉五厂的杜耀明先生，家住裴昌庙街，养有多盆蜡梅盆景，他能娴熟地运用鄢陵蜡梅盆景传统的造型方法，如"滚刀法""龙刀法"对盆栽蜡梅进行造型，常常令人啧啧称赞。

梁凤楼先生，原在部队中从事文化宣传工作，有绘画功底，也常与"花鸟虫鱼"接触，有种花种草的爱好。他年轻时认为，园林花卉的最高境界，是从事盆景的栽培养护与制作。1964年他从部队转业后，便在自己的平房小院买来外地的福建茶、六月雪、小叶女贞等桩材，或到郊外采挖石榴、黄荆等桩材从事盆景制作。从1964到1985年，为了追求石榴果、叶的大小与桩材的大小比例协调，他用大果石榴桩材嫁接小果的石榴盆景，已有多年的历史。因为他的石榴盆景果实累累，叶、花、果与树的大小协调统一，造型技法独特，在中国石榴盆景的造型中，可谓一种创新。

以上谈及到的几位先生，都是当时郑州市盆景界的佼佼者。由于他们不知道这次人民公园举办"郑州市群花卉展览"的消息，错过了展出的机会。但是，这次"群花展览"，能与北京举办的"中国盆景艺术展览"同步，足以说明当时郑州市盆景事业的恢复与发展，在全国也是比较领先的。

2. 郑州市人民公园"群花展览"的历史作用

这次展览，显现了郑州盆景地方性取材的优势和三春柳取材在中国盆景中的稀缺性，使之成为日后河南中州盆景的主要代表树种。此外，它突破了花卉盆景展览由市园林专业单位唱"独角戏"的局限，使社会上盆景爱好者跨入创立郑州市、河南省盆景艺术风格的队伍。

特别值得一提的是，这次展览中出现的以当地树种取材与别具一格的造型，给关心郑州市、河南省盆景事业发展的人士留下了深刻的印象，为日后他们考虑郑州与河南盆景发展的重大问题，起到了触类旁通的启示作用。

为了纪念园林专业单位与市民群众共同参与的展览活动 40 周年，在河南省魔树园林公司的赞助下，在郑州植物园的大力支持下，郑州市花卉盆景协会在这里举办了"中州盆景精品展"。

20 世纪 70 年代中后期，郑州市社会上热爱盆景的人士越来越多。就树桩盆景而言，原为人们不屑一顾的乡土树种，逐步登上了盆景的大雅之堂。

1981 年 3 月 31 日，中国邮政发行《盆景艺术》特种邮票，一套 6 枚。邮票图案分别是榔榆、圆柏、银杏、桧柏、油柿、翠柏。给全国、全省，以及郑州的盆景爱好者极大鼓舞。

此时，郑州社会上的三春柳、石榴、黄荆等盆景也越来越多。无论数量上，还是造型技艺上，都进一步凸显出郑州、河南的地方特色与地方优势。

（三）以郑州为代表的当代中州盆景产生的诸因素

1. 中州盆景产生的历史原因

1981 年，在全国花卉盆景事业迅速恢复与发展的推动下，河南省原城建厅决定，在 1982 年国庆期间于郑州市碧沙岗公园举办"河南省第一届盆景展览"。"迎展"成为郑州市城建局园林处和碧沙岗公园的头等大事。

为了办好 1982 年由河南省原城建厅、郑州市人民政府联合举办的"河南省第一届盆景展览"，政府拨专款，将碧沙岗公园原来的"盆景苑"扩大为"百花园"。原郑州市城建局园林处领导黄灏、张耀莲同志对展览的准备工作十分重视。张耀莲同志多次到现场询问了解情况，并与盆景工作者爱好者进行交流，征求他们对迎展工作的意见。

1981 年 4 月，时任人民公园主任的杨喜光先生调至碧沙岗公园。先任副主任，主抓业务。后任主任至 1984 年 7 月离休。20 世纪 50 年代，杨喜光先生曾担任郑州市城建部门园林科的科长，与郑州第一代园林绿化功臣许凤州先生同属郑州的"老园林人"。他工作经验丰富，这次调至这里，正值翌年省盆景展览的迎展工作。展览场所的建设，可按设计逐步进行。展品的组织，仅靠园林专业单位，不仅展品的数量难以保证，展品的质量也难以保证。更重要的是，在与展览会同时举办的盆景专业学术交流中，拿出什么学术论文、论文又如何组织等问题历史性地摆在了郑州市园林部门及碧沙岗公园领导的面前。正是当务之急的迎展工作，成为郑州市创立当代"中州盆景及其艺术风格"的动因。

2. 郑州市"中州盆景科研小组"的组建

杨喜光先生调至碧沙岗公园工作后，看到原有的"盆景苑"中盆景有规模、基础好，在全市、全省具有引领作用。盆景苑的负责人孟兰亭、盆景工杜清茂与社会盆景爱好者联系广泛、紧密。杨喜光就通过他们二人积极主动地将社会盆景爱好者团结组织起来。1981 年，经过孟兰亭多方面联系和多次酝酿，共计 18 人的"郑州市中州盆景科研小组"正式成立。

该小组由杨喜光任组长，负责全面工作。由孟兰亭任副组长，负责组织工作。由李春泰、姚乃恭任副组长，分别负责树桩盆景与山水盆景。其他组员有杜清茂、张瑞堂、魏义民、耿秀全、周连城、陈明忠、钟照煜、李闯、胡宝民、王文发、梁季春、游文亮、李自强（这里的排名基本按年龄大小）和大学毕业刚分配到公园负责盆景工作的技术员谢彩云（图 2-23，18 人小组大部分成员及碧沙岗盆景园部分员工，在首届河南省盆景展览大门处合影。前排左 1 为任永生、钟照煜；左 5 为杨喜光，左 6 为张瑞堂、孟兰亭、谢彩云。后排左 1 为游文亮、李春泰、王文发、杨建伟、李闯、魏义民、李自强、姚乃恭、梁季春。）（图 2-24，18 人小组尚健在人员与中州盆景创立时期的专业骨干合影。前排左 1 为杨志强、梁凤楼、李闯、周连城、曹地、钟照煜、张德兹。后排左 1 为吕英薇、姜南、任永生、杨建伟、游文亮、张顺舟、姚乃恭、齐胜利、王顺心。郭振宪先生因故未能参加合影。）（图 2-25，左 1 为鹿金利、赵中建、杜鸿宇、李自强、谢彩云、魏义民、游文亮、刘景宏、娄安民、王俊升、祝帅、游江）（图 2-26，前左 1 为谢彩云、郑红雷。中为魏义民。后左 1 为游文亮、刘景宏、赵中建。）。

该小组的成员，以后大部分人成为"郑州市花卉盆景协会"的发起人，为创立和发展中州盆景艺术事业做出了贡献。

图2-23　"中州盆景科研小组"部分成员与碧沙岗盆景园部分员工在首届河南省盆景展览大门处合影

图2-24　"中州盆景科研小组"部分成员与中州盆景创立时期专业骨干合影

图2-25　中州盆景科研小组部分成员与协会部分骨干合影1

图2-26　中州盆景科研小组部分成员与协会部分骨干合影2

3."郑州市中州盆景研究课题"的立项

1981 年，为了迎接首届河南省盆景展览及学术活动，由碧沙岗公园运作，经郑州市园林主管部门同意，向郑州市科委申报了"郑州市中州盆景研究"的课题。获得批准后正式立项。成立后的"郑州市中州盆景科研小组"，围绕创立中州盆景的有关问题开展了实践与理论相结合的学术研究。

那么，为什么用"中州"这一称谓？其中的"中州"一词又是由何而来的？

4.“河南中州盆景”产生的时代背景

河南有多种称谓，简称“豫”“豫州”，也谓“中州”“中原”。以什么名字称谓河南盆景既有现实的准确性、代表性，又有历史文化的延续性，是叫河南盆景、豫派盆景，或是叫中原盆景？

河南盆景，是中国盆景的一部分。

国家之所以要在 1979 年举办“中国盆景艺术展览”和 1985 年举办“首届中国盆景评比展览”，一是因为改革开放与发展的需要；二是因为正本清源，在国际上改变盆景源自日本，而非源于中国的错误认识；三是因为传承弘扬盆景这一民族的优秀传统文化。

当时，中国盆景事业迅速恢复、快速发展的根本原因，是人们迎来了文化艺术百花齐放的宽松环境，是人们渴望丰富多彩文化生活的历史动因所驱动的。

中州，承载着深厚的古典盆景文化积淀。有志于探索盆景文化历史的人，如中国花卉盆景协会原副会长胡运骅、韦金笙先生、北京林业大学教授李树华先生、江西景德镇陶瓷研究所的张德生先生，几十年来无不付出了艰辛的努力。郑州盆景界的人士也失志不渝地坚持这项工作，不仅在于挖掘传承河南的这一文化瑰宝，还致力于当代中州盆景，在理论上早日形成完整的学术体系。

河南盆景文化，或谓中州盆景文化，是河南文化的一部分，也是中华民族文化的一部分。在整个民族文化复兴的大趋势下，河南的盆景文化，也一定会汇入振兴中国盆景民族文化的历史洪流。这就是中州盆景产生的时代大背景，是时代的大背景造就了当代的中州盆景。

5.当代中州盆景产生的历史条件

谈到“当代中州盆景产生的历史条件”这个问题，首先要清楚什么是盆景艺术风格，什么是盆景艺术流派。

所谓盆景艺术风格，简单地说就是某个人、某团体、某地域的盆景艺术家，在盆景创作中表现出的艺术特色、艺术个性。

所谓盆景流派，是指盆景艺术发展的一定历史时期内，出现的由若干思想倾向、艺术见解、创作风格、审美趣味基本相同或近似的盆景艺术家，自觉或不自觉形成的盆景集团或派别。盆景艺术流派是盆景艺术发展过程中的产物，不同盆景艺术流派的出现及相互之间的竞赛和斗争，是推动盆景艺术发展和繁荣的重要条件。盆景艺术流派的产生，是盆景艺术发展到成熟阶段才出现的现象。

形成盆景艺术流派的先决条件，是必须具有一定数量的盆景艺术家队伍和较为丰富多样的盆景艺术表现手段。一种盆景艺术流派的形成与盆景艺术思潮、创作方法、艺术风格、艺术表现手法有着不可分割的联系。自由竞争、互相竞赛、百花齐放、自由发展，共同推动盆景艺术事业的昌盛繁荣是不同盆景流派必须遵守的原则。

盆景流派，不是人为自封的，而是一个地域在长期的盆景艺术实践活动中自然形成的。它长期的艺术影响力，以独有的艺术特色和艺术优势而被自身以外的盆景界所公认。所以说，在 20 世纪 80 年代初期和中期，除中国盆景传统五大艺术流派之外，提出创立甚至自封什么盆景流派是不符合客观实际的。我们可以把创立盆景流派作为一个长期的奋斗目标，坚持不懈地努力去实现它。而作为某个人、某些人、某个地域的盆景艺术风格，则是经过他们主观的积极努力，在较短的时期内可以实现的。久而久之，这种具有顽强生命力和广泛影响力的盆景艺术形式，就自然而然地形成某个地区盆景艺术的流派。

20 世纪 70 年代后期至 20 世纪 80 年代中期，正是全国各地张扬盆景流派或创立地方盆景艺术风格的热潮时期。江苏有苏派、杨派、通派、如皋，泰州之分；上海有海派、沪上，申沪之歧；北京有京派，燕赵之别；湖北有鄂派、楚派，荆楚之异；河南更有中原、豫派，河南之争。

当时，全国盆景发展的形势，推动并加剧了河南也要创立自己艺术风格，或艺术流派的追求。在这个时期，就郑州盆景界的实践活动而言，与国内外盆景的取材与造型相比，三春柳树种取材与业界的异别；垂枝式垂柳型、云片式松树型造型技艺的独特；大果嫁接小果石榴的创新；自然式黄荆与传统"云片"的各有所长，为催生郑州创立"中州盆景"和"中州盆景艺术风格"提供了条件。

6."中州盆景"产生的根本原因

（1）客观存在决定主观意识

盆景的实践活动，独特的盆景实体，是中州盆景及其艺术风格产生的基础。没有盆景的实践活动与实体，就不可能产生任何的盆景理念、理论及其学说。也不可能产生什么艺术风格，更不可能出现什么盆景流派。正是当年郑州花卉盆景协会张瑞堂、李春泰、梁凤楼、鹿金利和郑州市盆景艺术骨干的盆景实践活动及其代表性的作品，产生了人们所谓的"中州盆景"和"中州盆景艺术风格"。

（2）中州盆景及其艺术风格是集体智慧的结晶，是人们共同努力的结果

如果以上提到的几位先生，他们的示范作用不为大家所接受继而发扬光大，那中州盆景充其量只能称为他们个人的"盆景"、个人的"艺术风格"。如果他们的个人风格不为他人总结与推广，就不会形成人们争相学习模仿的热潮。正是他们的作品，经过当年的中州盆景科研小组，进行共同的研讨与总结，并先在郑州及全省得到了宣传推广与普及，这才产生了郑州与河南地方性的"中州盆景及其艺术风格"。

（3）正确认识个人在盆景发展中的作用

当年，个人或基层组织的科研成果需要层层上报，并需要各级领导和组织认可。人人都可以总结，但人人不一定有上报的资格或机会。如果某个人并不是中州盆景的具体制作者，但他将大家对"河南中州盆景及其艺术风格"的看法和意见进行归纳总结，并有地位、有资格、有机会将他的总结于某个公众场所予以公示，我们就把中州盆景及其艺术风的创立，归属于这个人的作用，是不客观、不真实的。

综合以上的原因，中州盆景、中州盆景艺术风格产生的根本原因是在那个时代，在那样的时代背景下，在郑州盆景人士的客观实践活动中，产生了具有郑州地方特色的盆景作品，经过大家去粗存精、科学归纳的总结，确立了郑州盆景的定位，体现出了郑州、河南盆景发展的方向。

7. "中州盆景"概念的提出

1981年，在碧沙岗公园的盆景苑展厅内，召开了有杨喜光、孟兰亭、杜清茂、姚乃恭、游文亮、梁季春、赵富海等人参加的小型座谈会。会中谈到，作为省会的郑州要带头创立河南盆景艺术流派和河南盆景艺术风格及其冠名问题。

对于这些问题，在座谈会之前，经常接触的人员之间也有过议论，其中也谈到过以"中州"冠名河南盆景的问题。但在此次会议上，梁季春首先说："要创地方风格，以落叶半落叶杂木类（树种）为主。河南盆景应该叫'中州盆景'"。赵富海也认为，叫"中州盆景"好，他当即吟诵了郑州籍历史文化名人刘禹锡的《贺晋公留守东都》。诗句中有"万乘旌旗分一半，八方风雨会中央"。河南盆景以"中州盆景"冠名的意见，得到与会者的认可。

无独有偶，一次偶然的机会，碧沙岗公园盆景馆（原盆景苑扩大为百花园后，盆景苑的室内部分改为盆景馆，并由孟兰亭题写馆名）的杨建伟，在洗衣服时发现，所用肥皂的牌子是郑州妇孺皆知的"中州肥皂"。他立即向杨喜光做了汇报，并谈了河南盆景叫中州盆景比较合适的想法。

20世纪20年代，河南就有著名的"中州大学"。此外，20世纪60年代到20世纪70年代，位于河南省委、省政府所在地附近的"中州宾馆"是当时郑州最高档最豪华的宾馆之一，在社会上享有很高的知名度。在洛阳、郑州等地，以"中州"命名的工厂、医院、酒店、道路等比比皆是。

因为古代中国的河南，位居九州之中，故名"中州"。以具有历史性和现实性的"中州"命名河南盆景，即"中州盆景"，是最合适的称谓。座谈会上，游文亮及其他同志也都认为"中州"二字，既能突出河南盆景历史的地域性，又能彰显河南盆景文化的渊源流长。这些意见，对于"中州盆景科研小组"的负责人杨喜光、孟兰亭二位先生来说，在对河南盆景冠名的考量中，起到了决定性的作用。

杨喜光具有长期领导工作的经验，孟兰亭具有实际工作能力和广泛的人脉。一个长于谋划，一个善于运作，两人作为"科研小组"和"郑州市盆景工作者协会"的领导人，其珠联璧合的协作与努力，为早期创立中州盆景及其艺术风格奠定了良好的基础。

8. 中州盆景科研小组的活动及其历史作用

前面提到，已成立的中州盆景科研小组，围绕创立中州盆景的有关问题，展开了实践与理论相结合的学术研究。

小组的活动多在碧沙岗公园的百花园进行。组员拿来盆景作品，结合本人的制作方法与经验进行研讨。李春泰介绍了云片式松树型三春柳盆景的制作经验，详谈了"云片"形成的方法和原理。今天许多人的松树型三春柳盆景，都是借鉴了他的经验制作而成的。

姚乃恭搬来用广东英德石制作的盆景；游文亮用巩义石灰石制作的山水盆景；张瑞堂搬来南太行红色斧劈石制作的山水盆景（图2-27）；等等，大家就取材、制作方法、艺术效果进行交流。在张瑞堂的山水盆景中，走向大山深处的小道上，放置一向山后走的人物配件，立刻让人想到"深山藏古寺"的立意。

图2-27 南太行红色斧劈石山水盆景

中州盆景科研小组，还就河南省及全国的盆景现状和今后郑州市盆景的发展方向进行学术研讨。大家从碧沙岗公园和个人手中的乡土树种盆景出发，总结出适合大力发展的盆景树材，有三春柳、石榴、黄荆、小叶女贞、枸杞、迎春、紫藤、金银花等。其中三春柳、黄荆、石榴盆景数量多，而且地方性突出，可作为郑州的代表树种。

在盆景造型方面，郑州盆景又是如何博采众长、兼取并蓄的呢？

"上有天堂，下有苏杭"，苏州的园林是人们常常向往的地方。近代这里出现了周瘦鹃、朱子安等著名的盆景艺术家。《盆栽趣味》《苏州盆景》等盆景专著的先后出版，深深地影响了中国盆景界，也深深地影响了河南的盆景。

20世纪80年代初期，苏州数"留园"的盆景园规模最大、数量多、品种多，不同的造型各具特色。这里将杂木类的雀梅、黄荆、榆树等桩材进行"云片式"的造型，影响了中国，也影响了河南杂木类的盆景制作。

学习苏派盆景云片式的造型，能否用于当时郑州独有的三春柳，三春柳的枝条蟠扎后进行修剪，能否也形成云片，就完全取决于人们的创新与实践。

在李春泰从事云片式三春柳盆景的探索中，他对蟠扎后的枝条多次进行修剪，最终成为嫩绿可人的大圆片即云片，实属一种创新。

"中州盆景科研小组"认为，这种我们有而别人没有的造型风格，应该进行重点发展。于是，中州盆景科研小组为郑州市盆景和今后河南盆景的发展，制定了较为明确的目标和切实可行的途径。

在一次研讨会中，张瑞堂先生带来一盆三春柳盆景作品，他说："三春柳在郑州分布多，许多河滩里有的是，取材便利又适于郑州生长，是做盆景的好材料。咱们已经有了松柏式的造型，能不能把它做成垂枝式的盆景？叫它像咱们看到的垂柳一样。我用它做了一盆试试，大家看看效果怎么样。"经过他的精心构思和配件及题名的巧妙运用，垂枝式垂柳型的《柳荫牧马》三春柳盆景，得到小组成员的高度赞扬。大家还形成共识，即在大力发展三春柳盆景的同时，还要重点发展三春柳垂枝式垂柳型的造型。这种共识及展品《柳荫牧马》、李春泰先生的云片式松树型三春柳盆景，在1982年的首届河南省盆景展览中产生很大的影响。

张瑞堂还制作了另一盆三春柳盆景，采用一棵老桩，配以疏散潇洒的枝叶，与李春泰大圆片式的松树型造型虽然不同，但用以表现大自然中的松树也有着异曲同工之妙（图2-28）。

为了丰富垂枝式垂柳型的三春柳造型，张瑞堂先生于1983年创作了《丰收在望》（图2-29），先于当年的首届郑州盆景展览中展出，随后在同年的"首届中国盆景老艺人座谈会"

上，引起多位专家关注。在 1985 年的"首届中国盆景评比览"中荣获二等奖。在 1986 年的"首届中国盆景学术研讨会"中引起轰动，并被《花木盆景》选为封面。

图2-28 张瑞堂三春柳盆景　　　　　　　　　　图2-29 《丰收在望》

　　张瑞堂先生的盆景艺术成果，是他长期文化知识积淀，以及长期对盆景艺术思索的结晶。这些作品，贴近中州地区的风土人情，现实生活气息浓厚。他的一盆作品，就是一幅生动的人们劳作憩息的立体画面。正是这种匠心独运的立意和别具一格的造型，打开了河南中州盆景通向中国盆坛的大门。这是张瑞堂先生，也是郑州市中州盆景科研小组，在开创当代中州盆景事业中，所起的不可磨灭的历史作用。

　　郑州市中州盆景科研小组开展的活动，影响并团结了社会上更多的盆景爱好者，也推动了郑州市盆景艺术的快速发展。在它的引领下和在之后成立的郑州市盆景工作者协会的推动下，以及在郑州市花卉盆景协会的号召下，郑州盆景中用三春柳制作的盆景越来越多。以地方树种三春柳为代表的盆景取材、以垂枝式垂柳型和云片式松树型为代表的盆景造型，成为当代中州盆景及其艺术风格的主要特征。

（四）由郑州走向全省——确立时期的当代中州盆景

1. 首届河南省盆景展览概况

为了有力推动全省盆景事业的发展，在河南省城建厅园林处长魏伟先生的倡议与具体运作下，1982 年河南省建设厅和郑州市人民政府，于郑州市碧沙岗公园举办了"河南省盆景展览"，即首届河南省盆景展览。

这次展览，树桩、山水、微型盆景作品共计 512 盆（件）。在随后举办的学术研讨会上，时任郑州市城建局园林处处长黄大灏撰写了论文《关于中原盆景艺术创作的初步探讨》。这里"中原盆景"的称谓和"科研小组""中州盆景"的称谓，还有一些地区的称谓，如"河南盆景""豫派盆景"（"派"有自吹自擂之嫌），说明当时的河南盆景急需一个统一的冠名。

为了迎接这次展览，碧沙岗公园原有的"盆景苑"修葺一新，并以此为基础，在公园西侧辟建的"百花园"为之一新。

这次展出的作品中，全省各地以三春柳、石榴、黄荆、火刺、柑橘等乡土树种或石材制作的盆景作品，凸显出地方特色，并表现出与省外盆景不同的艺术风格。

展览会中，时任郑州市代市长的孙化三同志莅临参观，并书写了"中州盆景多，景色无限好"的题词，并在 1983 年的首届郑州市盆景展览中悬挂在碧沙岗公园的盆景馆（图 2-30，图下两个圆瓷盘为游文亮用海浮石制作的挂壁式山水盆景）。

图2-30 时任郑州市代市长孙化三为中州盆景题词

对这次展览，新闻媒体争相报道。孟兰亭邀请了时任河南省电视台台长的周坤到这里采访，制作专题片，并多次向全省播放。为了配合记者拍摄录像，在附近工作的钟照煜、李闯、游文亮、李自强等人及盆景园的青年赵中建、杨建伟等人，一直工作到深夜。

这次展出，在全省园林界和社会上影响巨大，有力地推动了郑州和全省盆景事业的普及与发展。

2. 将中州盆景推向全省，确立"中州盆景"在河南的称谓

这次展览会在河南中州盆景事业中起着里程碑的作用，其中"郑州市中州盆景科研小组"的活动情况，以及"郑州市中州盆景研究课题"的成果，得到了展会主持人魏伟先生的赞同。魏伟从河南全局考虑盆景事业的发展，对诸如河南盆景有什么地方特色与优势，各地市或全省的盆景该如何发展，应该冠以什么名称等无不从河南盆景发展的全局现实情况出发，站在全省盆景发展的高度，不失时机地提出了要发挥河南盆景材料资源的优势，以及提出了"创出具有中州特色的盆景风格"的号召。

在 1986 年于洛阳举办的第二届河南省盆景展览及学术研讨会中，他提出河南盆景要以"中州盆景"冠名的倡议，并获得大会通过。同年，原河南省城建厅专门下发文件，全省对河南盆景的称谓，全部以"中州盆景"而冠名。在当代中州盆景的发展历史上留下了浓重的一笔。

在原河南省建设厅的号召与推动下，以郑州三春柳为代表的中州盆景，迅速地发展到开封、洛阳、南阳、新乡、焦作、安阳、平顶山、漯河、信阳、商丘等各地市的园林系统。各地社会上热爱盆景的人士也闻风而动，全省创立中州盆景及其艺术风格的热潮如火如荼。

此时，由郑州市中州盆景科研小组提出，由郑州市花卉盆景协会创立与实践，由省园林学会会长、省园林处处长魏伟先生倡导，由河南省城建厅肯定并推广的当代"河南中州盆景"，在全省走上了正规化、规模化的发展轨道。

3. 全省创立中州盆景及其艺术风格的热潮

作为河南省省会的郑州市，为了响应原河南省城建厅"加快发展河南中州盆景事业发展"的号召，进一步推动郑州盆景事业的发展，扩大河南盆景的影响，团结和壮大郑州的盆景队伍，在郑州市城建局园林处的支持领导下，于 1983 年国庆节前后，在碧沙岗公园举办了规模空前的首届郑州市盆景展览。

这次展览，以碧沙岗公园的树桩、山水盆景为基础。社会盆景爱好者选送的三春柳、石

榴、黄荆、小叶女贞等树桩盆景琳琅满目。姚乃恭、魏义民用南太行斧劈石制作的山水盆景；李闯、游文亮用海浮石制作的山水盆景别具一格。

值得一提的是，张瑞堂先生制作的垂枝式垂柳型三春柳盆景《丰收在望》，在展会上首次露面。三春柳垂枝式垂柳型的取材与造型，进一步凸显了张瑞堂及郑州的盆景艺术特色。

这次展览，作品多、参加人员广泛。让郑州盆景界进一步了解到首届河南省盆景展览的详细情况。明确了河南要创立"中州盆景及其艺术风格"的目标。同时，摸清了郑州市盆景的实力，了解到郑州市盆景所具有的优势与不足。其作用是，凸显出地方取材的特色，提高了盆景在市民群众心目中的地位，加强了盆景制作技术与经验的交流，同时，为郑州市组建盆景专业的社团组织，即郑州市花卉盆景协会，奠定了思想和组织基础。

孟兰亭为这次展出的优秀作品一一拍照留存，并整套发给有关人员，为中州盆景历史留下了珍贵的资料，也为河南中州盆景及其艺术风格展现在中国盆景业界面前，做出了必要的准备。

（五）开创当代河南中州盆景发展新阶段——郑州市花卉盆景协会的成立

1. 郑州市盆景工作者协会的组建

1981年12月4日，在时任中华人民共和国农业部副部长杜子端、时任北京市园林局局长汪菊渊等人的倡导下，在北京香山成立了"中国花卉盆景协会"（后更名为"中国风景园林学会花卉盆景赏石分会"）。在它的影响下，全国各地也都纷纷成立了花卉盆景协会。随着郑州市园林事业的恢复与发展，尤其是河南省第一届盆景展览在碧沙岗公园的举办，这里盆景的数量与规模进一步扩大。社会上从事盆景栽培与制作的人员与日俱增。该公园的杨喜光与孟兰亭二位先生，不失时机地在"郑州市中州盆景科研小组"的基础上，于1984年11月23日，在这里组织成立了"内部"型的"郑州市盆景工作者协会"。

该协会由杨喜光任会长，孟兰亭任秘书长。由谢彩云、杜清茂、李春泰、姚乃恭、张瑞堂、耿秀全、周连城、陈明忠、李闯、钟照煜、游文亮、梁季春、李自强等人为理事。为日后"郑州市花卉盆景协会"的成立，做出了组织上的准备。

2. 郑州市花卉盆景协会的成立

在首届河南省盆景展览和首届郑州市盆景展览的推动下，郑州市的盆景事业出现了前所未有的新局面。

一方面，时任郑州市委、市政府领导同志，对郑州市开创的河南中州盆景及其艺术风格，给予了充分的肯定和大力支持（图2-31，图2-32）。碧沙岗公园从专业队伍，到盆景数量及其设施，都得到扩大与改善。先为仅有一名盆景工的杜清茂师傅配给了青年花工赵中建，又将园林技校刚毕业的杨建伟、任永生、吕英薇等5人分配到盆景苑工作。还派出杜清茂、赵中建、杨建伟、任永生等人到全省各地采挖盆景桩材。不仅迅速地增加了盆景数量，而且河南乡土树种的取材也进一步凸显了地方特色。

图2-31　参加全国省盆景展览颁奖大会会场

另一方面，社会上的盆景爱好者越来越多。郑州市敦睦路、互助路、文化宫路的盆景市场上购买者竞相追逐。为了交流与提高盆景技艺，许多人热切地要求参加专业性的盆景社团。网罗人才、壮大队伍与日益蓬勃发展的盆景事业同步发展。小范围的"郑州市盆景工

图2-32　时任郑州市代市长孙化三、时任郑州市副市长范连贵为获奖者颁奖

作者协会"，已不能适应新的形势，组织全市性的、更广泛的、更规范的社团组织势在必行。

20世纪80年代，时任郑州市文联主席徐健先生离休后，是一位盆景爱好者。他为人随和，平易近人，很受郑州市盆景界朋友的尊敬。作为市文联一位长期的领导人，徐健不仅与全市

文学艺术界、新闻界，以及其他行业人士都十分熟悉，而且在市委市政府中也有着广泛的人脉。已成立的郑州市盆景工作者协会秘书长孟兰亭，在未调至碧沙岗公园之前，长期在市委市政府从事宣传工作，曾是徐健先生的下级，相互之间十分了解。

　　盆景从专业方面来说，它应归属于园林；但从艺术的角度，它又归属于文学艺术的范畴。由一位既热爱园林花卉盆景，又熟悉文学艺术，还在全市具有一定影响力的人物出任即将成立的"郑州市花卉盆景协会"的会长，徐健先生可谓不二人选。在原郑州市盆景工作者协会和社会盆景爱好者的共同努力下，1984年在碧沙岗公园的百花园召开会议。孟兰亭提出由徐建先生出任"郑州市花卉盆景协会"会长的提议获得一致通过。不久，在郑州市政府一楼东大厅，召开了郑州市花卉盆景协会的成立大会。时任市政协主席杨林、主抓城建的副市长范连贵，以及郑州市城建局的有关领导、《郑州晚报》副刊部主任曹地等莅临祝贺。全市盆景专业工作者与社会上盆景爱好者倍受鼓舞。此后，协会的会员迅速增加，并相继成立了郑州印染厂、郑州煤矿机械厂、郑州国棉五厂的分会。不仅为郑州市开创的中州盆景事业的快速发展奠定了组织基础，也为中州盆景走上中国盆景的大舞台，增加了优秀作品的储量。由此，以郑州为代表的河南中州盆景，走上了新的发展阶段。

3. 省级有关盆景社团组织的相继成立

　　同一时期，河南各地城建园林系统积极地组织盆景展览活动，将园林单位的专业盆工作者与社会盆景爱好者团结在一起。1984年前后，郑州、开封、洛阳、新乡、南阳、内乡等地相继成立了盆景协会或花卉盆景协会。其中郑州、洛阳的盆景协会成为中国花卉盆景协会的早期团体会员。

　　1985年，河南省花卉盆景协会在平顶山市成立，首次会议由河南省风景园林学会会长、河南省城建厅园林处处长魏伟先生主持并出任会长。河南主要地市园林部门主抓盆景工作的人士和河南盆景界的部分人员出席了这次会议。其中，平顶山市盆景苑的主任胡晓琴，著名的盆景艺术家周脉常及其学生菅长根、伞志民等；郑州市花卉盆景协会的秘书长孟兰亭、副秘书长游文亮；开封、洛阳、南阳等城市也派代表出席会议。河南省花卉盆景协会的成立，由当时《中国环境》杂志社的记者苏放先生进行了采访。

　　1986年，河南省花卉协会成立。河南省农业厅主管的"河南省花卉协会"，是河南的省级专业社团组织。该厅的原经济作物处处长张兆铭先生是河南花协的发起人与组织者，曾长期担任秘书长工作。他多次组织河南花卉、盆景展品参加国家、国际的展览活动，为推动河南的花卉盆景事业，为中州盆景在全国的展示与宣传，为扩大中州盆景在国内外的影响，做出了非常突出的贡献。

张兆铭为了进一步推动河南中州盆景事业的发展，曾 7 次在花博会中组织河南的盆景优秀作品参展。

在第二届花博会中，张兆铭组织的驻郑州解放军电子学院送展的 9 盆三春柳盆景，有多盆荣获大奖。并首先被北京电视台做了详细介绍。其中 5 盆李春泰先生精湛的盆景造型（图 2-33、图 2-34、图 2-35）又被《北京日报》于 1989 年 10 月 1 日刊登。河南中州盆景的代表三春柳盆景在国内外产生巨大影响。博览会总体设计师魏振武出面说合，希望展览结束后，把这些盆景卖给某宾馆。江西展团和东北地区的一些参展团也争着要买。国务院行政司的一位处长也希望将此卖给他们。最终，于 1989 年 10 月 7 日，由中南海和国家安全部的两辆小车将 6 盆三春柳和它们的主人一同送往紫光阁。1989 年 11 月 5 日，《郑州晚报》记者游文亮将此事写成《紫光阁内春意浓——郑州三春柳住进中南海》一文（图 2-36）刊登在晚报上，激励了郑州人从事三春柳盆景制作的热情。

图2-33 云片式松树型三春柳盆景 李春泰

图2-34 云片式松树型三春柳盆景 李春泰

图2-35　云片式松树型三春柳盆景　李春泰　　图2-36　《紫光阁内春意浓——郑州三春柳住进中南海》

张兆铭多次组织河南的盆景参加国际性、国家级的花博会。其中梁凤楼制作的三春柳、石榴盆景多次荣获金奖和银奖。梁凤楼是郑州从事盆景制作最早的人士之一，也是最早将石榴、白刺花、金雀、小叶女贞用于盆景艺术的人，其作品突出了中州盆景取材的地方特色。

1999年昆明世界园艺博览会中，张兆铭所组织的花卉盆景展品多达3个车厢，其中三春柳盆景占了很大比例。在每次的国际、国家级的盆景展品中，张兆铭多次组织郑州市花卉盆景协会的优秀作品参展，为郑州市和全省中州盆景事业的发展，为扩大中州盆景在国内外的影响，起到了推波助澜的作用。

1988年4月，在苏本一的策划下，邀请在首届中国盆景评比展览中曾获一等奖的盆景艺术家为主体的人员，成立了以徐晓白为会长的中国盆景艺术家协会。郑州市花卉盆景协会为梁凤楼先生开据介绍信，出席了这次会议，并于1989年成立了以梁凤楼先生为会长的中国盆景艺术家协会河南分会，后挂靠在原河南省城建厅。这样，原河南省城建厅就有了两个主管的省级盆景专业协会。

在河南省民政厅对所属社团的整改中，河南省城建厅将所属的河南省花卉盆景协会与中国盆景艺术家协会河南分会进行合并，统一更名为河南省盆景艺术家协会。2003年，因协会挂靠省城建厅和省林业厅而产生分歧，该协会分为了由省城建厅主管的河南省盆景协会和由省林业厅主管的河南省中州盆景学会。至此，河南省盆景艺术家协会不复存在。

　　河南省花卉协会由农业厅划归到河南省林业厅后，该厅的原常务副厅长张守印先生退休后老骥伏枥，所组建的省花协盆景专业委员会，多次组织全省的盆景优秀作品参加全国性的展览活动，为推动河南盆景事业的发展，为扩大河南中州盆景的影响，做出突出的贡献。他不仅组织编辑了中州盆景论文集，2014 年他还创办了内部不定期发行的《中州花木盆景》，并多次举办了大型的盆景展览活动，有力地推动了河南中州盆景事业的发展。

　　一个地域盆景流派与盆景艺术风格的形成，首先基于该地域盆景创作者的不断实践。艺术的实践活动是产生其思想理论的基础。这就要有一批对之有真知灼见者的智慧与热情，更要具有长于全局谋划的领军人物。正是有了魏伟、张兆铭、张守印、杨喜光、孟兰亭这样能够站在河南盆景发展全局的高度，及时地总结郑州盆景界实践活动中所产生的"中州盆景"及其艺术风格的带头人，并为之早日形成倾注了毕生精力，才有了今天河南中州盆景事业欣欣向荣的局面，进而使"中州盆景"登上了中国盆景民族风格的大舞台。

　　历史将铭记他们！

第三章

确立中州盆景在中国盆景中地位的新时期

（一）在全国盆景老艺人座谈会及全国盆景艺术研究班上

1983 年 10 月 10 日至 12 日，中国花卉盆景协会在扬州召开了"全国盆景老艺人座谈会"。来自全国各地的 48 位盆景老艺人和技术人员，畅谈了我国盆景艺术的成就，交流各自擅长的创作技艺。原本通知参加座谈会的人员较少，但闻风而来的人数竟达三四百人。湖北赶来的人员最多。正值壮年的胡运骅先生作为主持人之一，参加了这次会议。徐晓白、傅耐翁、殷子敏、朱子安、万觐棠、王寿山、朱宝祥、林禹经等多位中国盆景界老前辈莅临会议。

这一年的 9 月末，杨喜光先生接到通知，邀请郑州市派人参加这次活动。此时，碧沙岗公园正在举办首届郑州市盆景展览，优秀作品琳琅满目。孟兰亭用相机一一拍照。其中，首次亮相的张瑞堂先生的垂枝式垂柳型的三春柳盆景《丰收在望》，可谓"万花丛中一点红"，最能凸显中州盆景的艺术风格。杨喜光手拿孟兰亭拍摄的黑白照片，语重心长地对杨建伟说："这次去扬州，你和杜清茂师傅两人去。他参加盆景老艺人座谈会，你参加首届全国盆景艺术研究班。全省只有这一个名额，要珍惜。杜师傅语言表达能力有限，你参加研究班的同时，也要尽可能参加座谈会。这是 20 张张瑞堂《丰收在望》的照片。你要做好三件事：一要把照片在座谈会上发出去；二要在会上把郑州、河南的垂枝式三春柳盆景宣传出去；三要把全国盆景好的东西带回来。"

杨建伟还带了李春泰云片式松树型的三春柳和其他人的黄荆盆景照片，并将这些照片加洗了 200 张分发出去，还在座谈会和研究班上，详细介绍了河南盆景的现状及优势。他以张瑞堂先生的垂枝式三春柳盆景为例，谈到了郑州、河南要创立"中州盆景"和"中州盆景艺术风格的设想与进展情况。受到徐晓白、殷子敏、潘仲连等许多业界专家的高度关注。

徐晓白先生听说河南盆景叫"中州盆景"，感到十分新奇。潘仲连先生针对郑州三春柳的垂柳型、松树型的盆景作品说："中州盆景起步较晚，但近些年的进展令人鼓舞。特别是柽柳，取材于当地盛产的野生桩坯上盆，经培育剪截整形，融粗犷古拙的主干与翠绿婀娜的枝条为一体，确实观之六月忘暑。当地的盆景界还善于利用柽柳枝细叶密的特点，将枝叶剪成横向片层，俨然如苍松入画，强化了雄健美。"傅耐翁先生也称："中州盆景古朴飘逸，刚柔相济"。

殷子敏先生年龄大了，当时未戴花镜。加之孟兰亭拍摄的又是黑白照片，看不太清楚。他疑问道："这是柏树？不像。是松树？也不像。"后来知道了这是三春柳（柽柳）。殷子敏先生对郑州的三春柳很感兴趣。听说他曾来到郑州，为上海买了一车三春柳树桩，回去这些树桩却遭到大面积死亡。大概是郑州的树桩卖家，自己也不懂三春柳的栽培、造型及管理的知识，这在中国盆景界造成负面影响。

这次活动的参与，是 1982 年首届河南省盆景展览以来，将提出的"要创作出具有中州特色的盆景风格"的号召之后，"中州盆景及其艺术风格"首次在全国性的盆景活动中亮相。由于此次座谈会参加人员众多，广泛性强，又通过媒体报道，崭露头角的中州盆景开始在中国盆景界产生较大的影响。

（二）首届中国盆景评比展览的参与

进入 20 世纪 80 年代中期，河南全省盆景艺术事业迅速发展。全国各地的盆景活动也都十分活跃。

为了推动中国盆景艺术事业发展，1985 年 9 月底至 10 月初，由中华人民共和国城建部与上海市政府，在上海虹口公园举办了首届中国盆景评比展览。这次展览，由来自 21 个省、自治区、直辖市的 77 个城市组团，有 1600 件作品参加展览评比，规模空前。北京新闻电影制片厂、中国美术出版社、上海电视台、上海园林杂志社等都进行了报道。北京科技电影制片厂还专题拍摄了《中国盆景》科教片。曾有媒体如是报道："本届展览弘扬了我国传统盆景艺术，还出现了师法自然、刚柔相济的海派盆景，以景传情、高干合栽的浙派盆景，古朴浑厚、苍劲雄健的河南盆景，以形赋意、挺茂自然的泉州盆景。"可见当时河南盆景在中国盆景中的地位，也可见刚刚创立 4 年崭露头角的中州盆景的影响之大。

在这次展会的布展阶段，9 月 15 日，孟兰亭受河南省建设厅园林处委托，先行来这里参加筹备会议。9 月 18 日参加各省市自治区代表团长会议。他在发言中介绍了河南盆景艺术的历史和现状，他说："郑州市在 1981 年成立了中州盆景科研小组，专题研究了具有地方特色的三春柳树桩的垂枝式造型艺术……我们是在虚心学习传统流派经验和博采众长的基础上，努力创立具有中州风格的盆景艺术。"他的发言得到与会者的赞同，也为日后评比取得好的成绩打下了基础。

为了展示河南中州盆景的风采，河南省组成了以省城建厅园林处处长魏伟为团长，以郑州市花卉盆景协会副主席兼秘书长孟兰亭、平顶山市盆景园主任胡晓琴为副团长；郑州市杜清茂、姚乃恭、游文亮，新乡市靳运桥等人为团员的河南展团。在迎展的会议上，魏伟特别强调，对外宣传一定要突出"河南中州盆景"。此举，进一步扩大了中州盆景在全国的影响。

郑州、平顶山、南阳、新乡 4 个城市的盆景作品参加了这次展览活动。其中，郑州市的主要作品梁凤楼的《石榴》（图 3-1）荣获一等奖。张瑞堂、李春泰、马建新的三春柳作品均获二等奖（参阅前图 2-6）。碧沙岗公园、姚乃恭、游文亮的黄荆作品（图 3-2）获优秀奖。南阳的作品皆为黄荆，新乡的为三春柳、黄荆，平顶山市的是以黄荆、火棘、金弹子为主。

图 3-1 《石榴》梁凤楼

图 3-2 黄荆 《历尽沧桑》游文亮

河南的盆景取材以乡土树种为主，与所有参展团的作品取材形成巨大的反差，给参会人员留下了深刻的印象。尤其是三春柳的取材，竟成为河南或郑州的代名词。在以当时上海市园林局胡运骅为负责人的评委会上，或在各参展团的相互交流中，凡提到河南便说三春柳；凡提到三春柳，便指河南、郑州。

中国花卉盆景协会秘书长傅姗仪对孟兰亭说："中州盆景虽然还谈不上一种流派，但河南的柽柳在盆景大赛中产生了很大影响，你们要坚持下去，要发展，如果停滞不前，就会成为别人的艺术特色。"她还说："物以稀为贵，别人没有的你有，这就是特色，是最重要的。只有发扬地方风格，才有广阔的前途。"

著名的盆景专家胡运骅针对河南的三春柳说："垂枝式的造型艺术别有情趣，别有风格，河南要坚持这种技艺。"之后，他还针对郑州市三春柳盆景的两种造型关切地说："河南树桩云片形式的造型，容易被传统的盆景观念所接受，但是垂枝式的造型方法应该是中州盆景艺术所应该坚持的发展方向。"在之后全国性的盆景活动中，他多次谈到这类问题，不仅揭示了中州盆景最具艺术生命力的内涵，也告诉中州盆景艺术家应该坚持的艺术发展道路。

1985 年 12 月 4 日，在洛阳举办的河南省园林学术年会上，孟兰亭、游文亮就《河南参加首届中国盆景评比展览工作报告》做了口头与书面发言。对中州盆景的现状与发展方向进一步做了总结。

经过 1983 年、1985 年对两个全国性盆景活动的参与，针对中国盆景专家就中州盆景今后如何发展，与郑州市中州盆景科研小组成立初期，提出的"以地方取材为主，大力发展三春柳盆景，并重点地发展垂枝式造型"的发展思路不谋而合。这既是我国盆景专家对中州盆景的充分肯定，也使郑州市花卉盆景协会更加坚定了创立中州盆景及其艺术风格的信心。40 多年来，郑州市花卉盆景协会为创立中州盆景的实践活动，充分证明了这一点。

初出茅庐的中州盆景三春柳，从此登上了中国盆景的大舞台。

在这次评比中，每展团出一名评委，但评委的作品不得自评。依据各评委对每盆作品的分数总和，按得分的高低评出奖项。从计算分数开始的当天下午，一直到翌日清晨 5 点多钟，最终评出了获奖作品。郑州市花卉盆景协会的第一批会员梁风楼的石榴盆景，荣获 11 盆果树盆景中唯一的一等奖；郑州市花卉盆景协会理事张瑞堂的垂枝式垂柳型三春柳盆景、理事李春泰和会员马建新的云片式松树型三春柳盆景均荣获二等奖。

郑州的作品与浙江的五针松盆景相邻而展。造型技艺上，郑州盆景创作者无法与潘仲连、沈冶民等大师相提并论。但是，当时郑州三春柳取材独特新颖的影响力，也不屈居于浙江的五针松之下。

参加这次全国性的盆景展览活动，让河南盆景人士开阔了眼界。明白了自己取材的优势，增强了走自己盆景艺术道路的信心，知道了自己造型技艺的长处与差距，树立了今后重点发展三春柳、石榴、黄荆盆景的目标，坚定了以乡土树种从事自己独特造型的发展之路。

1989 年，第二届中国盆景评比展览在武汉举办。郑州市花卉盆景协会鹿金利的作品《俯首白云低》荣获一等奖，并在业界和新闻界引起轰动。三春柳盆景再次为中州盆景锦上添花。

由这次展览向前追溯 26 年，河南省辟建了第一个盆景专业园地，即郑州市碧沙岗公园"盆景苑"，它带动了河南的盆景事业发展，它为河南中州盆景的产生，起到了奠基石的作用。

改革开放之后，在中国盆景发展的新形势下，河南产生创立艺术流派、艺术风格的想法是必然的。至于什么时候产生，只是一个时间问题。至于叫什么流派或风格，也只是一个冠名问题。关键的问题，正是碧沙岗公园盆景苑 20 多年的盆景实践，为中州盆景的产生奠定了基础。

前人栽树，后人乘凉。今天，在我们为中州盆景而自豪的时候，不应该忘记 60 多年前为中州盆景的产生而做出努力的那些前人。李力民，盆景工作者孟兰亭、杜清茂，不仅购买了传统盆景流派的佳作，还购买了今天可谓价值连城的盆景盆钵，为郑州盆景的发展提供了学习的园地。尤其是他们以传统流派盆景为引领，以乡土树种为基础的发展思路。

今天，以乡土树种三春柳（图3-3，齐胜利）（图3-4，刘景宏）、石榴（图3-5，3-6，梁凤楼）（图3-7，牛得槽）（图3-8，梁凤楼）、黄荆（图3-9，人民公园张顺舟）、枸杞（图3-10，王俊升）、（图3-11，赵克）、（图3-12，杨自强）、（图3-13，侯明君）、（图3-14，杨自强）、迎春（图3-15，杨自强）、紫藤（图3-16，杨自强）、金雀（图3-17，毛金山）、白刺花（图3-18，娄安民）、侧柏（图3-19，郭振宪）、刺柏（图3-20，王庆生）、朴树（图3-21，刘景宏）、黄花槐（图3-22，杨自强）、冬红果（图3-23，杨自强）等制作盆景的实践，蔚然成风，并在多次的全国性盆景活动取得了优异成绩。在今天纪念"中州盆景"创立 40 周年的时候，我们感谢这些人为之做出的积极奉献！

图3-3 三春柳 齐胜利

图3-4 三春柳 刘景宏

图3-5　石榴　梁凤楼

图3-6　石榴　梁凤楼

图3-7　石榴　牛得槽

图3-8　石榴　梁凤楼

图3-9 黄荆 张顺舟

图3-10 枸杞 王俊升

图3-11 枸杞 赵克

图3-12 枸杞 杨自强

图3-13 枸杞 侯明均

图3-14 枸杞 杨自强

图3-15 迎春 杨自强

图3-16 紫藤 杨自强

图3-17 金雀 毛金山

图3-18 白刺花 娄安民

图3-19 侧柏 郭振宪

图3-20 刺柏 王庆生

图3-21 朴树 刘景宏

图3-22 黄花槐 杨自强

图3-23 冬红果 杨自强

（三）在首届中国盆景学术研讨会上

为了确立中国盆景民族风格的学术理论体系，同时为了推动各地传统盆景流派，以及各地盆景地方艺术风格的健康发展，中国花卉盆景协会于 1986 年 10 月，在武汉举办了"首届中国盆景学术研讨会"。

这次活动，分为盆景展示和盆景学术研讨两个部分。还确定了中国花卉盆景协会的会徽，制定了"中国盆景的评比标准"和"中国盆景的分类"，并决定《花木盆景》为机关刊物。

同期举办的中国盆景地方风格展览，是由北京、天津、上海、济南、苏州、徐州、南通、合肥、郑州、昆明、贵阳等 31 个城市的与会代表带来的各具地方风格的作品，共计 273 盆。其中有些是在 1985 年全国盆景评比展览中曾获奖的作品，有些是在全国评比以后的新作。如独具河南地方特色的三春柳盆景、北京的小菊盆景、徐州的果树盆景等。"为了交流各地制作经验，探讨各地盆景的造型理论、艺术风格，还组织了技术传授活动，从 10 月 8 日到 10 日 3 天中，先后邀请徐州张尊中讲授《果树盆景》。扬州赵庆泉讲授《水旱盆景》，郑州孟兰亭讲授《柽柳盆景》、浙江的潘仲连讲授《浙江盆景》、上海殷子敏讲授《上海盆景》、湖北贺淦荪讲授《盆景制作》。"中国花卉盆景协会简报如是说。在此后出版的《首届中国盆景学术论文集》中，还将这次展出的郑州梁凤楼的垂枝式垂柳型的三春柳盆景（图 3-24）给于刊登，进一步扩大了中州盆景的影响。

图3-24 《柳荫垂钓》 梁凤楼

这次活动，开创了盆景美学研究，推进了中国盆景艺术理论研究的科学化、系统化、完整化。为了加强对全国各地盆景界的领导，按行政区域划分为几个片区，湖北、河南、湖南、江西为中南片区，由贺淦荪、孟兰亭二位为负责人。

郑州代表团由杨喜光、孟兰亭两位先生负责。成员有游文亮、梁风楼、李春泰、杨建伟、陈宝山等人（图3-25）。展出的主要作品，有郑州市花卉盆景协会张瑞堂、梁风楼的垂枝式垂柳型，李春泰的云片式松树型的三春柳盆景。

图3-25　与协会人员合影

孟兰亭在研讨会上，宣读了由他和游文亮合写的论文《中州盆景艺术风格浅谈》，并在《首届中国盆景学术论文集》《中国赏石根艺盆景花卉大观》刊出，扩大了中州盆景及其艺术风格在全国的影响。

研讨会上，就"流派""风格"问题产生激烈的争论。关于"流派""艺术风格"的种种观点，互不相让。但是，不久之后，以垂枝式垂柳型三春柳盆景为代表的中州盆景及其艺术风格，就被收入原北京林学院（现北京林业大学）彭春生教授编著的《盆景学》教科书中。而且，中州盆景的名序还紧紧地排在几大传统盆景流派之后，充分地肯定了河南中州盆景在中国盆景中的地位。

在盆景展示区，张瑞堂、梁风楼的垂枝式垂柳型的三春柳盆景令人刮目相看。原中华人民共和国建设部园林司司长甘伟林（以后多年担任中国花卉盆景协会会长）来到郑州展区，与孟兰亭和洛阳园林局的吴鹤交谈留影（图3-26从左到右依次为：孟兰亭、甘伟林、吴鹤），并对郑州盆景的地方风格给予高度评价。殷子敏大师专门来观赏三春柳盆景，并详细了解三春柳盆景制作与生长习性的详细情况（图3-27，左一为殷子敏，左二为杨喜光，左三为吴鹤，左四为孟兰亭）。张瑞堂先生这次展出的《丰收在望》还刊登于《花木盆景》的封面。郑州垂枝式垂柳形三春柳盆景又一次在中国引起较大的轰动。

图3-26 甘伟林与孟兰亭、吴鹤留影

图3-27 殷子敏与人员交流

（四）中国花卉盆景协会华中地区盆景委员会学术研讨会的参与

在武汉贺淦荪先生的积极努力下，中南地区召开过多次盆景学术研讨会，推动了中南地区各省的盆景学术交流与提高。其中，有几件事给笔者留下深深的印象。

一是贺淦荪先生的学术理论功底深厚，他的盆景学术观点，能够建立在艺术哲学的基础上。能娴熟地运用辩证唯物主义的观点，指导自己的盆景实践活动。他的学术论文充满艺术辩证观点，思想深刻，内容丰富。

二是贺淦荪先生的盆景实践，具有鲜明的时代性。他所创作的《我们走在大路上》《风在吼》《海风吹拂五千年》无不让人倍感亲切，时代感强烈。

三是贺淦荪先生具有大家风范，顾全大局。在一次研讨会中，他派人把郑州的游文亮和开封的王选民叫到他的房间，语重心长地说："你们还很年轻，一定要注意加强河南盆景界的团结，把河南的盆景搞上去。"30 多年过去了，这件事至今仍历历在目。

此外，观看他的山水盆景《群峰竞秀》，聆听他的构思与制作过程，尤其是盆中山石可以任意变换位置的技术，使人受到启发。

在贺淦荪先生家中，他制作的小型盆景，皆可小中见大。精巧的造型，配以立意深远的题名，给人无限的遐想。为了支持郑州市花卉盆景协会的工作，提高郑州市的盆景技艺，在郑州市花卉盆景协会举办的"亚细亚盆景展览"时，他抱着年迈多病之躯，带着盆景实物，从武汉来到这里，给盆景爱好者讲授专业知识，聆听者趋之若鹜。

　　贺淦荪先生对工作认真负责。在1998年2月召开的"中南地区研讨会"前，游文亮虽已接到通知，但因忙于工作，能不能到会，尚不能确定。游文亮先把自己的论文《中州盆景的艺术风格》寄给贺淦荪先生。贺淦荪又亲笔书写信函（图3-28）相邀，希望能到会参加研讨。从中可以看出贺淦荪为中南地区盆景事业的发展尽心尽力，一丝不苟。

　　就笔者了解到的情况，在贺淦荪先生的组织领导下，"中南地区"在中国花卉盆景协会中，是举办活动最多，也是最有成效的盆景组织。同时，这次研讨会及于1989年第二届中国盆景展览的举办，无不浸透着贺淦荪的心血。贺淦荪培养的学生，如年轻新秀张志刚等人，都成了中国盆景界的中坚力量。尤其是刘传刚推动了整个海南盆景事业的发展。

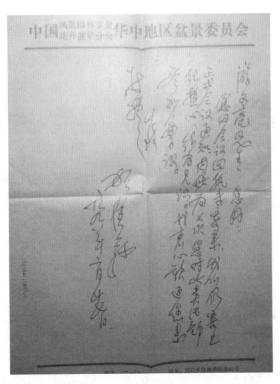

图3-28　贺淦荪先生亲笔信

（五）举办全国性活动，进一步确立"中州盆景"地位

　　为了进一步确立河南中州盆景在中国盆景界的地位，河南省原城建厅与洛阳市人民政府，于1991年在洛阳植物园举办了"中国盆景插花根艺赏石展览"。其间，莅临的中国盆景大师十分关注"中州盆景"的情况，并在现场参观指导。尤其是郑州市花卉盆景协会的三春柳

盆景，特别受到业界专家的青睐。

以上全国性、地区性盆景活动的举办，展示了河南中州盆景及其艺术风格的历史、现状和成就。扩大了河南盆景的影响，确立了河南盆景在中国盆景中的地位。

（六）当代河南中州盆景及其艺术风格的初步总结、宣传与张扬

1. 初步总结

对河南中州盆景及其艺术风格及时地进行概括性的总结，明确今后郑州乃至河南盆景发展的方向与目标，以利于河南中州盆景的发展，成为刻不容缓的任务。

对初创阶段中州盆景及其艺术风格的总结，是根据当时郑州、河南盆景发展的现状，以及"中州盆景科研小组"、郑州市花卉盆景协会、河南一些其他城市的盆景实践，结合在全国性盆景活动中专家的指导意见而综合进行的

在首届中国盆景评比展览结束后，河南省风景园林学会会长魏伟，安排郑州市花卉盆景协会的杨喜光、孟兰亭、游文亮参加了 1985 年 12 月 4 日于洛阳召开的省园林学会年会。会上，他让孟兰亭宣读了与游文亮合写的《河南参加首届中国盆景评比展览工作报告》，之后又以书面文字发了下去。当年，还将他们二人合写的《简析河南在全国首届盆景评展中获奖的树桩盆景》一文，刊登在 1985 年 12 月 25 日的《河南省建筑学会会讯》第 34 期上。首次对河南中州盆景取材与造型的特点及优势进行了总结。

1986 年 4 月，在河南风景园林学会、省城建厅园林处与洛阳文物园林局共同举办的第二届河南省盆景展览，以及中州盆景学术交流会上，由孟兰亭宣读了他与游文亮（执笔者）合写的论文《发扬地方风格，创立中州盆景流派——河南盆景艺术发展方向初探》。文中明确提出："在现阶段，要本着就地取材为主，引进树种为辅；杂木类植物为主，传统流派常用的松柏类植物为辅的原则，进行树桩盆景的制作""在主要取材于杂木类树种的基础上，还要重点地发展三春柳树桩盆景""在盆景的造型上，总结和发展垂枝式的特殊造型"等主张，并被刊登在当年的《河南省建筑学报》。

河南中州盆景，以乡土树种的杂木类取材为主，重点发展三春柳盆景，尤其是垂枝式的特殊造型，成为河南中州盆景明确的发展思路。

2. 宣传与弘扬

20 世纪 80 年代初期，百业俱兴。看到郑州、河南盆景丰富的资源及所具有的优势，尚未调至《郑州晚报》工作的游文亮，于 1983 年撰写了《河南省盆景资源亟待开发》的文章，刊登在《河南日报》"工作研究"专栏。

1984 年游文亮调至郑州晚报社工作。当时，刚刚复刊的《郑州晚报》拥有众多的读者。其副刊"普乐园"为综合性的文艺副刊。因广大读者都能从中阅读到自己喜欢的内容而脍炙人口。副刊部的主任曹地先生，以丰富的内容办副刊，并为之广揽凡有一技之长的人才。

曹地先生为人正直，作风正派，无论在报社或在社会上，都有着较高的声望。他博览群书，尤爱散文创作，擅写散文新闻，为中国作家协会会员。他的散文集《记忆里的河》，贴近生活，笔法细腻。每次翻阅，总能让人感受到在清流晚照之中，让汩汩的双洎河水涤荡身心的惬意。

曹地先生喜爱各种艺术，书法、绘画、陶瓷、花卉、盆景等无不有较高的鉴赏能力。如今，已是 90 岁高龄的他，还不时地对小型的松柏、海棠、梅花、蜡梅盆景进行造型。由于曹地先生对花卉盆景的热爱，因此在副刊《普乐园》中开辟了"盆景苑"专栏，为中州盆景的宣传与推广做出了积极的贡献。

为了调动郑州盆景界能拿出优秀作品，参与即将到来的全国盆景展览的积极性，游文亮首先撰写了人物专访《入迷才能出奇》，刊登在 1985 年 9 月 10 日的《郑州晚报》上（图 3-29），介绍了郑州花卉盆景协会理事张瑞堂痴迷盆景的事迹，受到广大读者的欢迎。

图3-29 《入迷才能出奇》

为了介绍首届中国盆景展览的盛况和郑州盆景取材造型的优势，以及中国盆景界对河南中州盆景的评价，曹地先生派游文亮（也是河南参展团成员之一）随团采访，回到郑州后游文亮先后撰写了多篇报道，分别刊发于《郑州晚报》的"盆景苑"专栏。介绍了郑州选送作品的情况，获奖的原因，以及郑州盆景取材与造型的优势。

1986 年，郑州市政府为了推动郑州市花月季的发展，在"五一"期间于碧沙岗公园举办了郑州市首届月季花会。为了配合这次活动，游文亮制作了较大型的月季盆景展出，还撰写了论文《浅谈月季盆景》，介绍了自己的制作方法与经验。

1986 年 4 月，第二届河南省盆景展览在洛阳植物园举办。河南有 15 个城市 2 个县组织了展品树桩盆景 490 盆，山水盆景 86 盆，水旱盆景 12 盆，微型盆景 16 组。其间，还举办了"中州盆景艺术学术交流会议"。游文亮采访后，先后撰写了《本省二届盆景展在牡丹城举办》《以材取势》，刊发于 4 月的《郑州晚报》。1987 年 3 月 1 日的《郑州晚报》刊发了游文亮执笔的《蜡梅迎春》。文中针对河南中州盆景的现状，进一步总结："垂枝型、松树型的三春柳造型……在中州盆景中起着主导作用。"

1989 年，驻郑州的解放军电子学院的 6 盆三春柳盆景展览后被收入北京中南海。游文亮采访后撰写了《紫光阁内春意浓——郑州"三春柳"住进中南海》，激发了郑州人民制作三春柳盆景的热情。

20 世纪 90 年代，是中州盆景的进一步提高与成形时期。为了让读者能够了解中国花卉盆景协会对盆景制定的有关要求，游文亮经过缩编，将《盆景的分类与规格》《盆景作品的评比标准》分别刊发于 1996 年 7 月的《郑州晚报》。为了让读者了解三春柳盆景的制作方法和冬季的管理，他又撰文《三春柳的造型》《三春柳盆景的冬季管理》，分别发表于 1996 年 9 月 24 日和 1997 年 12 月 24 日的《郑州晚报》。

跨入 21 世纪，中州盆景代表性树种三春柳的造型向多样性发展。为了进一步总结与宣传三春柳盆景的优势和造型方法，游文亮撰写了多篇文章，分别发表在《花木盆景》杂志上。其中的《垂柳型三春柳盆景的艺术风格》《垂枝式垂柳型三春柳盆景的制作》，进一步介绍了中州盆景及其新出现的水旱式垂柳型，土塑地形式垂柳型三春柳盆景的制作方法。为了在全国弘扬中州盆景及其风格，游文亮还撰写了许多有关园林花卉盆景的文章或论文，发表在《中国花卉盆景》《花木盆景》《中国绿化》等刊物。

这里，介绍一下垂枝式垂柳型三春柳盆景的创始人张瑞堂先生，对现在的盆景制作者仍有着启示作用。

20 世纪 70 年代初、中期，游文亮常到张瑞堂先生家观摩学习他的盆景制作。1949 年，游家住原来的"西商门"，即现在的二七纪念塔东南位置，与北菜市张瑞堂家不足 300 米的距离。游文亮父亲游振国与张瑞堂先生为多年朋友，孩子一辈都称他为堂叔，称其夫人为堂婶，两家可为世交。后来，每逢张瑞堂的作品去上海、去武汉参加展出，他都交代游文亮运输途中的注意事项；布展中盆景的摆放、配件的位置，要把题名放在显著的地方，多向同仁介绍题名的内容，等等。

张瑞堂有些口吃，但说话幽默、风趣、生动。常说"好东西毁在匠人之手""我的盆景是小猴戴草帽，戴不坏都玩坏了"。"玩盆景这东西，一玩就入迷，可是不入迷就不能出奇"。冬季，在煤火台上搁置铝材蒸锅烧水，为给放在这里的盆景取暖。夏季天热，拿蒲扇给盆景降温。为了使小叶女贞树桩疙瘩显现老态，亲手烧红火杵进行烫烙……

张瑞堂的艺术基础较为深厚。对文物、字画的鉴赏尤为擅长。他说，做盆景得懂画理，做梅花盆景，就得懂画理中"画梅须要画阴阳，画出阴阳意味深长"的道理。他曾对游文亮说，自己想做一盆垂枝式的三春柳盆景。柳荫下放一老汉配件，笑看一头拴在树上的老牛。老牛为了挣脱缰绳，全身使劲往后力蹬，几乎要把拉紧的绳子挣断，借以表现老牛的犟劲。他未说完，《犟》的题名，便在游文亮的脑海中浮现出作品的意境，并深为张瑞堂先生独运的匠心所折服。

为了制作盆景时进行参考，张瑞堂收藏的画册、画报、图片竟有一大箱子。中国绘画知识的积淀，使他制作的盆景往往意境深远。《柳荫牧马》《丰收在望》，无不印证了这一点。

为了总结当代中州盆景的历史，以及全省盆景取材的优势和造型的方法，2000 年游文亮编写了《中州盆景艺术——杂木类盆景的制作与养护》，由河南科技出版社出版发行。该书还被评为优秀科普读物。2009 年，在第八届河南省盆景展览会后，为了纪念与总结河南中州盆景事业取得的成就，郑州市园林局组织编写了《中州盆景》一书。2010 年，薛永卿、游文亮编写了《中国中州盆景》，由上海科技出版社出版发行。2013 年，在第十届郑州市盆景展览会后，郑州市园林局组织编写了《壶中秋韵》一书，由河南人民出版社出版发行。游文亮先后撰写的论文有《中州盆景风格浅谈》收集在 1986 年的《中国盆景学术论文集》第一集；《垂柳式三春柳的造型技法》收录于 1997 年的《中国盆景论文集》第二集。同时，在第二集的论文集中，多位郑州市花卉盆景协会的会员撰文。其中有孟兰亭的《中国绘画与中国盆景》，张德兹的《漫谈中州盆景三春柳》，胡书显的《石榴盆景碧空苍龙的造型和构思》，周连城的《枯枝在树桩盆景中的价值》，陈宝山的《试谈中州桩景》，任德生的《浅谈中州盆景的艺术风格》，秦学义、王贵洲的《论盆景新素材小叶鼠李》，都从不同的角度宣传了中州盆景。

　　郑州市花卉盆景协会的早期会员赵富海先生，是一位酷爱盆景艺术的作家，对中州盆景尤为关注。他先后编写了《中州盆景艺术谈》《中州盆景》《盆中乾坤》，积极地对中州盆景进行宣传与弘扬。

　　在中州盆景创立的初期，我们就多次强调，在杂木类树种的基础上，要重点发展三春柳树桩盆景。在盆景的造型上，要发展垂枝式的特殊造型这一主张。准确、简明地总结了中州盆景由初创到逐步成熟时期这条发展的主线。今天，郑州市花卉盆景协会创立的中州盆景及其艺术风格，走过了漫长而又辉煌的历程。它成功的经验在于长期坚持"几个为主"的理念，即以乡土树为主，以杂木类为主，以三春柳、以石榴为主，以垂枝式垂柳型为主和以创新为主。坚持这一理念，中州盆景就会健康蓬勃发展。否则，中州盆景就会受到挫折，就不能取得好的成绩。就创新而言，没有创新精神，我们今天就没有古桩石榴、金雀、白刺花、山楂、棠梨、刺柏、侧柏的取材、造型及其艺术风格。创新，是中州盆景生命力不竭的源泉。

第四章

当代中州盆景艺术风格历史概要

当代中州盆景艺术风格的历史，根据树桩盆景的三大主要素，即取材、造型与造型技艺，以及这种风格在中国盆景中的影响和被业界专家认可的程度，大致可以分为以下几个时期。

第一个时期，自 1963 年河南第一个专业盆景园的辟建，至 1982 年第一届河南省盆景展览的举办，为中州盆景艺术风格的孕育产生时期。

第二个时期，自 1983 年首届全国盆景老艺人座谈会，经 1986 年第二届河南省盆景展览的举办，至 1991 年于洛阳举办的中国盆景插花根艺赏石展览，为中州盆景艺术风格的成形时期。

第三个时期，自 1992 年至 2001 年第五届中国盆景展览的参与，为中州盆景艺术风格的提升时期。

第四个时期，进入 21 世纪以来，为中州盆景艺术风格的创新时期。

（一）中州盆景艺术风格的产生时期

在这个时期，碧沙岗公园盆景苑广泛地将乡土树种用于盆景制作，尤其是原桩原果的石榴、三角枫、黄荆、地柏、二花、小叶女贞等盆景，都有了一定水平，并起到了示范作用。自 20 世纪 70 年代初期，社会上的盆景爱好者开始用乡土树种，尤其是三春柳、石榴从事盆景制作，出现了三春柳垂枝式、云片式和石榴嫁接改种盆景的造型形式与技法。这其中，郑州拥有丰富的地方盆景资源，起着决定性的作用。

1979 年，在人民公园举办的郑州市群花展览中，出现了当时中国盆景界所没有的三春柳盆景。别具一格的取材，为以后中州盆景的产生奠定了基础。

1981 年，郑州市中州盆景科研小组的成立，郑州市中州盆景研究课题的立项，尤其是"中州盆景"概念的提出，进一步促进了中州盆景艺术风格的产生与发展。

在 1982 年的首届河南省盆景展览会上，全省各地参展的作品，大多数取自当地的乡土树种。郑州的三春柳、石榴，郑州、南阳的黄荆盆景，显现出造型技术的地方特色，为展会主持人魏伟先生提出"要创出具有中州特色的盆景风格"的号召提供了基础条件。魏伟向大会介绍了创立中州盆景及其艺术风格、中州盆景代表树种及造型形式的思路，并引起相关部门的重视。此后，经河南省原建设厅的肯定与推广，中州盆景事业成为全省盆景界共同的奋斗目标。

（二）中州盆景艺术风格的成形时期

在这个时期，中州盆景已不再"闭门造车"，而是将其作品或作品图片送往中国盆景老艺人座谈会及首届全国盆景研究班、首届中国盆景评比展览、首届中国盆景学术研讨会三个国家级的专业活动中接受检验。90%以上的地方树种取材，别具一格的造型形式，独特的造型技艺，得到中国盆景界的认可与称赞。为那个时期创立中州盆景艺术风格，要以三春柳、石榴、黄荆为代表树种；以垂枝式垂柳型、云片式松树型三春柳盆景为主要特征；以大果改接小果石榴；以圆片式、自然式黄荆为代表的造型形式；以蟠扎、嫁接、多次修剪、垂枝技术为代表的盆景技艺，为提出重点的发展垂枝式三春柳盆景的理念，为三春柳、石榴、黄荆盆景在全省的推广与普及提供了先决条件。进而从盆景取材、造型、技艺三个方面，使中州盆景及其艺术风格，从原始的口号与目标蜕变为比较完整的学术理念，并由此进入它的成形时期。

（三）中州盆景艺术风格的提升时期

1. 中州盆景艺术风格的进一步提升

1987 年，首届中国花卉博览会在北京举办。李春泰制作的云片式松树型三春柳盆景荣获一等奖。

1989 年在北京举办的第二届花卉博览会中，梁凤楼制作的云片式松树型三春柳盆景又获一等奖。

1989 年 9 月 25 日，第二届中国盆景评比展览在武汉的群芳馆举办，河南的郑州、洛阳、平顶山、南阳、焦作 5 个代表团的作品参加评比。郑州市花卉盆景协会鹿金利的云片式松树型三春柳盆景《俯首白云低》不仅荣获一等奖，由于艺术效果显著，还被《人民日报》记者多次采访。中央电视台、武汉电视台还联合摄制了 30 集盆景专题片《诗画景》，并广泛宣传。盆景专家胡运骅先生来郑州展区仔细观看三春柳的造型。中国花卉盆景协会的秘书长傅姗仪几次来到这里，并热情地说："你们的三春柳盆景很有特色。别人没有的你们有，这就是你们的地方艺术风格。"

《俯首白云低》一改郑州之前此类盆景枝片少、造型呆板的缺陷，经过合乎画理的布局与精扎细剪，取得了很高的艺术效果，从而提高了中州盆景艺术在中国盆景中的地位。也在提高中州盆景精品意识的同时，提升了中州盆景的造型技艺。

1991 年，在中国牡丹杯盆景展中，李春泰制作的金雀盆景（图 4-1）荣获大奖。这是中州盆景新树种金雀在国家级平台上的首次亮相。

图4-1 李春泰金雀盆景

1992 年，北京国际盆景理论研讨会举办。梁凤楼制作的云片式松树型三春柳盆景荣获一等奖。

1993 年，在第四届中国园艺博览会中，人民公园张顺舟制作的丛林式金雀盆景获得二等奖。这是郑州金雀盆景第二次出现在国家级的盆景活动中。在中国大连园博会中，人民公园的雪艾盆景获得精品奖。也因此有了在第七届中国盆景展览中，韦金笙先生语重心长地对游文亮说："除柽柳、石榴之外，你们还应该重点发展芙蓉菊（雪艾）盆景。"

这个时期，中州盆景的作品，由简单趋于复杂，由粗放趋于精致，枝条由牵拉变为蟠扎，桩材的布局由呆板富于变化，提升了盆景的诗情画意，进一步提升了中州盆景的艺术风格。

2. 中州三春柳盆景造型新形式的出现

1997 年 10 月 18 日，第四届中国盆景评比展览在扬州瘦西湖公园举办。全国共有 53 个城市的 882 盆（件）作品参加展出。河南的郑州、洛阳、平顶山 3 个城市的展品参加评比。作品在布展时，中国盆景艺术大师，原中国盆景艺术家协会会长徐晓白先生热情地说："河南的柽柳到了，好。"中国花卉盆景协会盆景专业负责人胡运骅先生看到郑州展团正在布展的三春柳，高兴地说："郑州的柽柳来了。"由此可见，郑州三春柳盆景在全国盆景界的影响和地位之高。

在这次展览评比中，郑州盆协姜南的垂枝式垂柳型三春柳盆景《归牧》、胡树显的大果嫁接小果石榴盆景《碧空苍龙》均荣获一等奖。另外，还有 3 盆三春柳盆景获得二等奖；3 盆三春柳盆景获得三等奖，进一步说明三春柳盆景所具有的优势。纵观此类盆景在历届全国性的活动中屡获大奖，也可以看出这种盆景在取材与造型方面所独具的地方艺术特色。

《归牧》依今天的眼光看，枝条缺乏年功，与树干不能形成自然的过渡。但是，它的造型由过去大多的牵拉变为多级枝条的金属丝蟠扎，突出了造型技艺上的精扎细剪；在造型形式上注意枝冠的合理分布，尤其是他发明的"三春柳盆景的二次造型"，显现出中国绘画中垂柳潇疏的艺术风格，提升了郑州垂枝式垂柳型三春柳盆景的艺术水平。

第五届中国盆景展览，于 2001 年在苏州虎丘的万景山庄举办。评奖中，其他参展城市的参展作品最多只有一个金奖，唯有浙江的金华和河南的郑州各荣获两个金奖。郑州人民公园张顺舟、魏玉坤获金奖的作品（图 4-2）和路全喜获得银奖的作品皆为三春柳盆景。还有一盆三春柳和其他树种的作品分别获得银奖与铜奖。郑州的金雀盆景再次露面，在全国盆景界中引起人们的关注。

图4-2　三春柳　魏玉坤

河南中州盆景，自参与首届至第五届中国盆景展览、花博会盆景展，以及国际性的盆景展览，其三春柳盆景，凸显出取材与造型的优势。在郑州的影响下，全国不少地区也逐步从事三春柳盆景的制作。

三春柳在中国的沿黄河流域、东北地区、江南的苏浙（该地区称其为西湖柳）地区都有自然分布。其中上海，辽宁的葫芦岛，山东的潍坊、东营、荷泽，陕西的安康，甘肃的天水（当地称其为观音柳、沙柳），都有人用它来制作盆景。特别是葫芦岛，为 1999 年昆明世博会选送的 2 盆云片式松树型三春柳作品都荣获金奖。

在这 10 多年中，郑州市园林局又在人民公园、紫荆山公园、郑州植物园、郑州市西流湖公园等单位辟建了盆景园区，并把更多的乡土树种用于盆景制作。尤其是人民公园"秋园"的张顺舟，重视乡土树种的开发与利用。中州盆景取材丰富，必然产生新的造型形式和新的造型技术。如人民公园"秋园"制作的枸杞（图 4-3）、云片式松树型金雀（图 4-4）、雪艾、木瓜等优秀作品，还在郑州率先将乡土树种侧柏用于盆景制作。

图4-3 人民公园"秋园"枸杞

图4-4 云片式松树型金雀

这里重点要谈的中州三春柳盆景造型新形式的出现，一是指垂枝式垂柳型三春柳盆景的"二次造型"，二是指簇团状柏树型三春柳盆景的产生。

早期的垂枝式垂柳型三春柳盆景，往往是欣赏它的外在美，即轮廓美。不讲究或不太讲究二级以下枝条的年功与布局。由于三春柳属萌发力强的植物，追求外在美的做法往往是哪里缺枝就往那里补枝；哪里的枝条多了，就将多余的枝条剪除。至今，有的作品由于缺少对内在枝条的布局与精扎细剪，作品也就会光鲜其外而败絮其中。

　　二次造型，是在春季对所留枝条进行蟠扎，而后利用植物的"顶端优势"促使其旺长，以求新枝条与老枝条的自然过渡。在郑州地区的气候条件下，待到每年7月10日前后，对春天萌生的枝条进行短截，而后对又萌生的新枝进行第二次蟠扎。久而久之，这样的作品不仅具有轮廓的外在美，分布合理的多级枝条和多次修剪后所产生的顿节，凸显出作品的内在美，从而提升了中州三春柳盆景的艺术品位。

　　经过人工培养，三春柳具有可型性强的优势。人们往往会利用它将三春柳制作成云片式的松树型的盆景。而路全喜利用三春柳古桩，将它的枝冠修剪成簇团状，借以表现古柏郁郁葱葱的自然景观，效果惟妙惟肖（图4-5），也进一步丰富并提升了中州三春柳盆景的造型。

图4-5　柏树型三春柳　路全喜

（四）中州盆景艺术风格的创新时期

　　这个时期，就郑州为代表的中州盆景艺术风格而言，有两个比较显著的特点。一是开发出许多新的乡土树种用于盆景制作，开始向取材多样化的方向发展。另一个是出现了许多新的盆景造型形式和造型技艺。

1. 取材多样化

（1）叶秀花繁的金雀盆景

20世纪70年代至20世纪90年代，郑州市使用较早金雀栽培的，有李春泰、梁季春、张德兹、张顺舟等少数人。由于用它制作盆景既可观叶又可赏花，在郑州逐步盛行起来。

金雀有"南雀""北雀"之分，叶子有毛叶与光叶之别。南方的金雀叶子大，而且一年仅开一次花。而属于北雀的郑州金雀，其花自春季一直可以开到秋季。北雀叶子也有"光叶"与"毛叶"之别。光叶小，而毛叶稍大，观赏价值较低。光叶金雀，如施肥掌握得好，叶片能呈革质。

据现存的图片资料看，早期郑州李春泰将金雀制作成圆冠状大树形的自然式盆景。以后，人民公园的张顺舟将它做成云片式松树型的作品。也有人根据金雀枝条自然下垂的特点，将之做成垂枝式盆景（图4-6）也别具一格。

图4-6 垂枝式金雀 王俊升

（2）素洁高雅的白刺花盆景

白刺花有许多别名，如苦刺、狼牙刺、马蹄针等。据最早将它用于盆景制作的梁凤楼讲，郑州附近的农民叫它"疙针""鸡不斗"。它多生于河谷沙丘、土丘或山坡、沟坡的灌木丛中。因它的树皮呈灰褐色，多疣状突起，有苍古之感，叶子又小，花期为3～5个月，素洁的花瓣有浅浅的蓝晕，显得圣洁高雅，可谓郑州地区制作盆景的又一种好材料。

　　梁凤楼率先使用它制作成自然式大树型的盆景，之后有人将它制成云片式松树型的盆景。目前，白刺花盆景在郑州已有一定规模，并成为中州盆景的代表性树种之一。

　　金雀、白刺花，皆有叶小茂密和花繁可人的优势。年轻新秀闵文荣、毛金山等人不仅栽培金雀成活率高，还创作出一些优秀作品，如闵文荣的作品（图4-7—图4-9），毛金山的作品（图4-10，图4-11）。白刺花也被越来越多的会员所采用，如娄安民收藏的（图4-12，图4-13），和副会长齐胜利的作品（图4-14—图4-16）。

图4-7　金雀　闵文荣

图4-8　金雀　闵文荣

图4-9　金雀　闵文荣

图4-10　金雀　毛金山

图4-11 金雀 毛金山

图4-12 白刺花 娄安民

图4-13 白刺花 娄安民

图4-14 白刺花 齐胜利

图4-15　白刺花　齐胜利

图4-16　白刺花　齐胜利

（3）枯荣互映的侧柏盆景

20世纪末，郑州市的盆景取材逐步与全国同步发展，开始向常青的松柏类树种转型。侧柏在郑州及其周边地区有广泛的分布，但末能较早地引起郑州盆景界的重视。

2009年9月28日至10月28日，以"传承发展中州盆景技艺，弘扬中原文化"为主题的河南省第八届盆景展览在郑州植物园举办。展览作品中，除传统的河南省杂木类乡土树种之外，还展出了大量的侧柏、刺柏、真柏和松树盆景并获奖，推动了郑州侧柏及其他松柏类盆景的发展。如郑州市花卉盆景协会副会长郭振宪的作品（图4-17，图4-18）、现副会长牛得槽的作品（图4-19，图4-20）。

图4-17　侧柏　郭振宪

图4-18　刺柏　郭振宪

图4-19 台湾真柏 牛得槽

图4-20 台湾真柏 牛得槽

这里值得提到的是，在同年的第七届花博会中，贾瑞东的垂枝式垂柳型三春柳盆景《柳荫放牧》荣获金奖。从中可以看到，在这个阶段，郑州盆景界把热情集中在柏树类、原桩原果石榴盆景上，而忽视了三春柳盆景，尤其是垂枝式垂柳型盆景，偏离了中州盆景重点的发展方向。

20 世纪末至 21 世纪初，郑州市花卉盆景协会的齐胜利、牛得槽到山东采购树桩。受那里盆景界的影响，买回一些侧柏从事盆景制作。其中娄安民收藏的《柏鹿图》（图 4-21）在第七届中国盆景展览中获奖，进一步激发了郑州侧柏和其他类柏树制作盆景的热情（图 4-22，郭振宪）（图 4-23，郭振宪）（图 4-24，齐胜利）（图 4-25，河南省航海健身园）（图 4-26，娄安民）（图 4-27，王庆生）

图4-21 侧柏 娄安民

（图4-28，侯明均）（图4-29，郑州植物园）（图4-30，娄安民）（图4-31，十三香郑州神龙盆景园王铁良）（图4-32，鹿金利）（图4-33，姚乃恭）（4-34，齐胜利）。

图4-22　刺柏　郭振宪

图4-23　刺柏　郭振宪

图4-24　侧柏　齐胜利

图4-25　刺柏　河南省航海健身园

图4-26 侧柏 娄安民

图4-27 侧柏 王庆生

图4-28 真柏《重生》侯明均

图4-29 刺柏 郑州植物园

图4-30　刺柏　娄安民

图4-31　真柏　王守义十三香郑州盆景园　王铁良

图4-32　刺柏　鹿金利

图4-33　龙柏　姚乃恭

75

图4-34 侧柏 齐胜利

（4）雄浑粗犷的刺柏盆景

刺柏，是桧柏的一个品种，早期鄢陵花农习惯称其刺松。由于它耐寒冷，是中国北方地区绿化的常用材料。河南刺柏在大别山区分布广泛。郭振宪先生率先在郑州以刺柏创作出许多优秀盆景作品，其作品雄浑粗犷，或枯荣互映，或雄秀相济，引领了郑州地区刺柏盆景发展的新潮流。一些单位或个人，也创造出许多刺柏盆景，如（图 4-35，图 4-36）。

图4-35 刺柏 河南省航海健身园

图4-36 刺柏 牛得槽

（5）虬曲苍古的棠梨盆景

棠梨，又称杜梨，在全国许多地区都有分布，在郑州及周边地区分布较广。自然生长的棠梨树皮呈灰褐色，龟裂突出，枝干多弯。它像自然界中的赤松，虬曲多变，苍老古朴。棠梨适应性强，喜光，耐寒，耐旱又耐涝，中性或偏碱的土壤都能适应。

2009 年开始，郑州盆协的李宗耀培育了许多棠梨树桩从事盆景制作。他对郑州的棠梨进行品种改良，用棠梨嫁接郑州的沙梨，不仅果子变小，而且延长了花期与果期。它春季开花半个月，花初为粉红色，逐步变为白色，如同覆盖一层白雪（图4-37—图4-39）。坐果后直到来年早春都不落，观赏效果好，观赏期很久。采用棠梨嫁接沙梨，还有嫁接期长的优势，即在春季的 2 月 15 日（郑州地区），夏季的 6—7 月，秋季的 9 月都可以进行嫁接，并为造型中的补枝等提供了方便。

图4-37　棠梨　李宗耀

图4-38　棠梨　李宗耀

图4-39　棠梨　李宗耀

（6）果丰似焰的山楂、枸杞盆景

山楂，果丰颜红，制作盆景有较高的观赏价值。郑州地区的老桩山楂不易挂果，还会发生退枝，管理难度大。为此，李宗耀进行品种改良。他用野山楂古桩嫁接品种优良的"大金星""大红袍"。其中，"大红袍"的果子比传统的品种早熟 20 天。经嫁接，改良的山楂不仅生长旺盛，耐修剪，易管理，还便于控制树型（图 4-40—图 4-42）。山楂盆景进一步丰富了郑州中州盆景的取材，但在造型方面尚待进一步提高。

图4-40 山楂 李宗耀

图4-41 山楂 李宗耀

图4-42 山楂 李宗耀

　　几十年来，枸杞是郑州的传统盆景树材。枸杞对气候、土壤要求不严，它耐寒耐碱，但对肥料的要求很高。以肥沃排水良好的沙质壤土为佳。人们往往利用它枝条下垂的特点，制作成垂枝式盆景。姜南先生说枸杞分两个大种。还有"西杞"与"北杞"之别。分布在新疆、甘肃、宁夏一带的西杞，为枝生枸杞。它的叶子大果实大，有树干。北杞中郑州的枸杞为蔓生枸杞，叶小果小，制作盆景观赏性强。但由于无主干，而必须以根代干，寻觅一棵过渡自然的桩材不是容易的事。有人把它们制作成云片式盆景也别具一格。

　　在 2017 年于郑州举办的第 11 届国际园博会中，郑州花卉盆景协会组织了 30 盆（件）

作品参展。其中，娄安民的石榴《争艳》（图4-43）、人民公园张顺舟的黄荆《华夏春意》（图
4-44）、西流湖公园梁凤楼的石榴《仲秋风采》盆景、高强的《青山绿水秀中原》山水盆景
（图4-45）均荣获金奖。西流湖公园梁凤楼的《牧马图》三春柳、河南省航海健身园的《虎
蹲峭岩》榆树（4-46）、人民公园杜鸿宇的《春雨欲滴》三春柳（图4-47）、郭振宪的《东
风劲吹》侧柏（图4-48）、冯明亮的《喜雀登枝》金雀盆景，均荣获银奖。此外，有11盆
树桩盆景获得铜奖。郑州植物园组织的展品中，2盆作品荣获金奖，2盆作品获得银奖。

图4-43 石榴《争艳》娄安民

图4-44 黄荆《华夏春意》人民公园张顺舟

图4-45 《青山绿水秀中原》高强

图4-46 榆树《虎蹲峭岩》河南省航海健身园

图4-47 三春柳《春雨欲滴》人民公园杜鸿宇　　　　　图4-48 侧柏《东风劲吹》郭振宪

　　我们从参展的树桩盆景可以看到以下几个特点。其一，乡土树种多达 22 盆。22 盆之中，三春柳为 8 盆；石榴为 4 盆；刺柏、侧柏为 4 盆；金雀为 3 盆。乡土树种作品，中奖率高且高奖率也高。其二，多为泊来品的榆树，尽管有的作品造型也很好，但中奖率、高奖率都比较低。其三，作为几十年来最具中州特色的三春柳盆景，却显现出滑坡现象。可喜的是，从近几年郑州垂枝式垂柳型三春柳盆景在国家级、国际性的专业活动中屡屡荣获金、银、特等奖项来看，最具中州盆景艺术特色的取材与造型，重新为郑州盆景艺术家所重视。

2. 三春柳盆景造型形式的创新

（1）水旱盆景的提升与创新

　　20 世纪 70 年代中后期，郑州市碧沙岗公园和社会上盆景爱好者，也有人用三春柳配以页化石制作盆景。由于往往作为点石，还算不上比较规范的水旱盆景。

　　姚乃恭先生的垂枝式垂柳型三春柳盆景《黄河之春》（图 4-49），在第七届中国盆景展览评比中获得银奖。

　　郑州盆景界常用页化石、芦管石制作水旱盆景的观赏效果较差，而南方水旱盆景常用的英德

图4-49 三春柳《黄河之春》姚乃恭

石、千层石、龟纹石等，要比郑州用的石料艺术效果好得多。

2008 年，在南京玄武湖举办的第七届中国盆景展览中，全国 109 个城市的 972 盆（件）作品展出。这次展览还举办了大型的盆景制作演示会，是盆景界学习的好机会。

中国花卉盆景协会的副理事长韦金笙先生，长期关注河南中州盆景的发展。在这次展览评比结束后，郑州展团的杨自强邀请韦金笙先生对郑州的三春柳盆景给予指导。韦先生把郑州展团的杨自强、游文亮、齐胜利带到外省一盆获得银奖的水旱盆景前面说："你们应该用有你们特色的三春柳制作成这样的水旱盆景。这盆作品所用的山石尽管很简单，但观赏效果好。照这样做，就使你们的三春柳盆景质量提高了。你们应该用三春柳多做一些水旱类盆景。"他的话，推动了郑州市三春柳水旱盆景的发展。他还对游文亮说："你们要发展石榴盆景，可以到淮北一带去，那里的好桩材比较多。你们的芙蓉菊（雪艾）盆景也很有特色，也可以重点进行发展。"这些都说明了韦先生对河南盆景的关注。正是有了这种关心与关注，才有了他在主编《中国盆景风格丛书》中，约游文亮组织编写《中国中州盆景》，并邀请中国工程院资深院士、中国园林泰斗、北京林业大学教授陈俊愉先生为之题写书名。

杨自强先生受郑州展团委托，在第七届中国盆景展览中负责郑州展品的养护管理工作。有机会学习和反复揣摩全国各地的盆景之长。他在韦金笙先生的启发下，了解了河南水旱盆景用石的优劣。回郑州后他以南方常用的龟纹石制作了三春柳的水旱盆景，艺术效果明显（图4-50），进一步使中州盆景的艺术风格得到提升。

图4-50　三春柳《野渡无人舟自横》杨自强

（2）松朵式松树型三春柳盆景的探索

20世纪90年代后期，在张德兹先生任郑州市花卉盆景协会会长的初期，他号召会员加强盆景学术理论研究，并带头撰写了《三春柳盆景造型》。文中谈到利用三春柳萌发力强、可塑性强的特点，可用它模仿五针松针朵的形态，将三春柳的每个小枝修剪成半个乒乓球的形状，用以丰富三春柳盆景的造型。事后，杨自强先生率先用此理念做了尝试，其艺术效果别具一格（图4-51）。

（3）旱柳型、柏树型三春柳盆景的试验

①旱柳型

旱柳，别名有河柳、小叶柳、言叶柳，在河南一些地区相对垂柳而言，也有人叫立柳。它属杨柳科、柳属植物。用三春柳制作旱柳盆景，要知道旱柳的特征。它为乔木，高可达18米，大枝斜上，树冠呈广圆形。由于它还分布于北美、欧洲、俄罗斯、哥伦比亚、日本，这些地区也用三春柳制作旱柳盆景。自然界中苍古朴拙的旱柳树干，直立或斜生的枝条，高低错落的馒头型树冠，在黄河流域广泛分布的旱柳风光如画（图4-52），这是我们制作这种盆景的初步尝试，尚不具备观赏的艺术性。其目的是抛砖引玉，希望郑州盆景界能创作出这类优秀的作品，以丰富中州盆景的造型艺术。

②柏树型

柏树，包括侧柏、圆柏、扁柏、花柏等。柏科共22属约150种，南、北半球均有分布。在中国分布广泛的有8属29种7变种。

图4-51 三春柳《少林晨练》杨自强

图4-52 三春柳《晨曦映柳》游江

用三春柳制作柏树盆景，要掌握柏树分枝稠密，小枝细弱众生，枝叶浓郁，树冠完全枝叶覆盖，多为墨绿色的圆锥体的特征。由于柏树的品种不同，自然界中观赏价值高的古柏，呈现出不同的自然美态。路全喜制作的这种三春柳盆景，表现出中州大地柏树苍翠雄浑的自然风貌。由于前面已经谈到，这里不再赘述。这种盆景作品艺术效果也十分明显，尚需业界学习与推广。

（4）土塑地形式垂柳型水旱盆景

2011 年前后，游文亮在《花木盆景》撰文发表了《水泥岸边式三春柳盆景的制作》。这种以水泥作岸边，以土塑地形表现黄河流域的地形地貌，借以展现中州沿黄水乡的田园风光。

2012 年，游文亮在与郑州花卉盆景协会副会长齐胜利先生的一次交谈中，齐胜利说："总想用三春柳创作一盆垂枝式垂柳型的水旱盆景，借以表现'柳暗花明'的诗情画意。苦于找不到合适的桩材，不能如愿。"在他的启发下，游文亮、姜南结合"水泥岸边式水旱盆景"进行构思，制作了三春柳盆景《柳暗花明图》，参加了第八届中国盆景展览。作品布局与造型均显得粗糙，但仍被评委看好，评得银奖。这是在盆景形式的创新上，做出的另一种尝试。现在，游文亮、游江父子把它称为土塑地形式画意盆景。这种形式不仅可以用于三春柳盆景的制作（图4-53，图4-54），用于其他树材制作盆景也有一定的艺术效果，如《河洛晚晴图》（图4-55）和《黄河春来早》（图4-56）。

图4-53 三春柳《柳暗花明图》游江

图4-54 三春柳《峰峦岚霭炊烟起，牧童唱晚笛自横》游江

图4-55 真柏《河洛晚晴图》游江

图4-56 真柏《黄河春来早》游江

（5）水旱类青苔岸边式盆景

姜南先生常到新华书店阅读有关盆景、根艺、根雕、绘画等各门类艺术的书籍。他对图

书绘画中各种柳树的千姿百态和春柳、秋柳的差别等无不熟记于胸。为了能在国庆期间表现出垂柳的"春意盎然"，特制作了该类盆景（图 4-57）。为了表现中州水乡的自然景色，创作了《水乡小景》（图 4-58）。这类盆景的制作方法，是在展前 9 天左右，将老叶全部剪除，萌发的枝芽嫩绿可人，凸显出中国绘画中，初春垂柳的婀娜多姿。

图 4-57 三春柳 姜南　　　　　　　　图 4-58 三春柳 《水乡小景》姜南

为了丰富中州盆景的造型形式，并使之紧跟时代步伐，他不采用任何石料，也不用其他材料作岸边，仅用青苔，同样具有阻断泥土渗入水中的效果。姜南先生介绍，青苔有"阴苔""阳苔"之别。其中阳苔不怕太阳暴晒，长势旺盛，长得厚实。青苔可以把盆土下部与水接触的部分包裹得严严实实，不影响盆中水的清澈。这种盆景的不足是不能逼真地表现山体坡脚或岸边的形态。但这种水旱盆景，也不失为一种创新。

3. 枯荣互映的原桩原果石榴盆景

在 2012 年的第八届中国盆景展览中，郑州市花卉盆景协会副会长齐胜利的原桩原果石榴盆景《太平盛世》荣获金奖。这盆作品，采用虬曲枯朽的怪桩，配以取势得体的枝片，花果坐落分布均衡，花果繁多且大小一致，具有很高的观赏价值。

此作品荣获金奖充分说明，任何果树盆景，只要干、枝、叶、果比例协调统一，只要取势造型精湛，就能产生较高的观赏价值。

　　在这个时期，原桩石榴盆景形成热潮。有人在当地大量收集石榴桩材的同时，还到陕西省潼关将观赏价值高的桩材购回，从事原桩原果石榴盆景制作。郑州植物园（图4-59）、郑州市人民公园张顺舟（图4-60）、河南省航海健身园（图4-61）、郑州大学体育学院盆景园（4-62）、荥阳刘沟石榴盆景园（图4-63）、娄安民盆景园（图4-64）、郑州黄河逸园，以及协会的许多会员，都培养有此类的石榴盆景（图4-65，闫桂林）（图4-66，牛得槽）。同时，也涌现出一批石榴盆景制作的高手，如张顺舟、牛得槽、王新学、闫桂林等人。

图4-59　石榴　郑州植物园

图4-60　石榴　张顺舟

图4-61　石榴　河南省航海健身园

图4-62　石榴　郑州大学体育学院登封分校

图4-63 石榴 荥阳刘沟石榴盆景园

图4-64 石榴 娄安民

图4-65 石榴 闫桂林

图4-66 石榴 牛得槽

4. 舍利制作和丝雕的运用进一步提升中州盆景的艺术风格

20世纪80年代，随着对外开放，日本的盆景进入中国。他们先进的盆景栽培与管理技术，独到的盆景造型技艺，也逐渐被中国盆景界了解与借鉴。尤其是随着中国松柏类盆景热潮的兴起，盆景桩材的舍利干制作和丝雕技术被人们广泛采用。其实，舍利干和石硫合剂的涂抹技术，在中国盆景界中早就为人们所使用。只不过传到日本却被他们做到了至精至微。

　　进入 21 世纪，丝雕技术如何运于郑州的乡土树种如侧柏、刺柏，以及其他的杂木类桩材如石榴。郑州市花卉盆景协会的常务副会长张顺舟，副会长齐胜利、郭振宪等人为此进行了大胆的尝试。

　　齐胜利先生长于石榴和侧柏的劈干与丝雕。他说："经过雕琢的盆景老桩过渡自然，能化腐朽为神奇，从而为桩材增光添彩。"（图 4-67，图 4-68，图 4-69，图 4-70）。他把该技术用于其他的乡土桩材，如三春柳、白刺花等，效果也很好。这种技艺不仅在郑州引领并普及了石榴盆景的造型，也被其他城市所采用，进一步提升并丰富了中州盆景的艺术风格。这里可以自豪地说，郑州改种嫁接小果石榴盆景和劈干丝雕的原果石榴盆景，在中国盆坛中也占有十分重要的地位。

图4-67 老桩正面（未做）

图4-68 老桩正面（做后）

图4-69 老桩背面（未做）

图4-70 老桩背面（做后）

　　郭振宪先生，可谓郑州市柏树类丝雕的代表人物之一，引领了郑州的柏树类盆景创作。21世纪伊始，他从河南的大别山或其他地方买回来几个刺柏侧柏桩材，随后即从事丝雕舍利干制作（图4-71，图4-72，图4-73，图4-74）。他娴熟的丝雕技术和艺术效果，在2007年分两次刊载于《花木盆景》（图4-75，图4-76）。他制作的《带路硕果》在2019年中国北京世界园艺博览会中，荣获国际盆景竞赛银奖。他制作的4盆刺柏盆景"中原雄风""傲瞰神州""临崖不惧""嵩岳韵致"，被陈设在2015年"上合组织"的总理会议室中，成为靓丽的一景（图4-77）。他曾受协会的委托，精心组织第11届国际（郑州）园林博览会的盆景展览工作，受到组委会的好评。在郑州首次举办的个人的盆景展览，扩大了郑州盆景的影响，丰富了人们节假日的文化生活。

图4-71 丝雕舍利干（未做）

图4-72 丝雕舍利干（做后）

图4-73 丝雕舍利干（未做）　　　　图4-74 丝雕舍利干（做后）

图4-75 《花木盆景》刊载　　　　图4-76 第二次《花木盆景》刊载

图4-77 郭振宪的4盆柏树盆景被陈设在2015年"上合组织"总理会议室

第五章

中州盆景的艺术风格

前边谈到中州盆景艺术风格产生与发展的历史，这里主要谈的，究竟什么是中州盆景的艺术风格。谈中州盆景的艺术风格，还必须先弄清楚什么是盆景的艺术风格。

盆景艺术风格，指的是盆景创作中表现出来的一种带有综合性的总体特点。盆景风格有着多种含义，如盆景作品风格、盆景创作者风格、某个时代盆景风格、某个地域盆景风格、某个民族的盆景风格等。在当代的中国盆景界，多指某个传统盆景流派、某个地域的盆景风格。

盆景风格，是盆景艺术成熟的标志。只有某些盆景艺术家另辟蹊径、艰苦探索、勇于创新、善于总结，才能形成某种盆景艺术风格。

了解中州盆景的艺术风格，还必须要清楚中州盆景和中州盆景艺术风格，是两个不同的概念。

中州盆景，是河南盆景的另一种称谓。它包含河南各地盆景的方方面面，是一个整体性的概念。

中州盆景艺术风格，即河南盆景艺术风格，它尽管也涉及河南盆景的取材、造型形式和造型技术，但它更集中、更突出、更全面地表现河南盆景中最优秀、最特殊、最具代表性、最有地方性的盆景特色。它不仅能从外在形式表现河南的地形地貌，风土人情，还能从内涵方面反映河南文化的方方面面。中州盆景艺术风格是最能反映河南盆景本质的一个概念。

中州盆景的艺术风格，即指中州盆景的艺术特色。

就风格而言，只有个人的，才有地方的；只有地方的，才有民族的。换言之，只有个人的风格，才能形成地方风格；只有地方风格，才能形成民族风格。

同时，艺术风格不是一成不变的。艺术风格是某个人、某些人、某地域的人，在某个时期所表现出的艺术个性。中州盆景艺术风格也是在发展变化的，随着时间的推移，艺术风格也必然得到补充与完善。与40年前相比，今天的中州盆景艺术风格，更加丰富多彩。

就中州盆景艺术风格的形成而言，我们今天的垂枝式垂柳型盆景，正是沿袭了起初张瑞堂先生的三春柳盆景制作的技艺，或有所发展的。我们今天的云片式松树型盆景，也是沿袭了李春泰先生的三春柳盆景制作模式的。当年郑州盆界许多人士，包括著名的盆景艺术家魏义民、姜南、胡树显等人的石榴盆景，或是采用了小果石榴品种，或是借鉴了梁风楼先生的大果改接小果石榴的技术而制作的。

最初郑州的盆景艺术家，或在盆景的取材，或在造型的形式，或在制作技术方面，具有独特的艺术特点，形成为个人的盆景艺术风格，并逐渐被郑州盆景界越来越多人所采用，日积月累就形成了郑州的盆景艺术风格。之后，这种风格为河南更多的人士所采用，就形成为今天的河南中州盆景艺术风格。

就河南盆景界的个人而言，这里笔者谈谈自己经历过的一些事情，希望盆景界人士能有所借鉴。

作为《郑州日报》《郑州晚报》的副刊编辑，笔者曾接触过一些河南省及全国的书法家、绘画家。他们中的年长者，或有志于在艺术上有所建树者，最为苦恼的事情莫过于怎样突破自己原有的艺术格局而再有所创新，从而形成自己成熟的艺术风格。

盆景，作为书法绘画的姊妹艺术，其道理是相通的。沿袭别人，无所创新，即使有几盆得意之作，或得到过什么奖项，也无非是暂时的东西。不可能成为那个时代、那个地域、那个树种、那种艺术风格的代表人物。不要计较眼前的得失，更不要在意人为的艺术家、艺术大师的"封号"或"职位"。正如张瑞堂生前屋中悬挂的一幅书法，内容是那个时代的一句名言："人类总要不断地总结经验，有所发现，有所发明，有所创造，有所前进。"只有潜心致力于盆景的取材、造型，以及造型技艺的创新，从而形成自己个人的盆景艺术风格，并被他人所接受，才能在盆景的历史长河中"各领风骚数百年"。

（一）早期的中州盆景艺术风格

当年人们提出以河南的盆景资源，创立具有中州特色的盆景风格，这种认识是清醒的、客观的、必要的。但对究竟以哪些树种为代表，对以什么造型形式、以什么造型技术为代表，从而创立中州盆景艺术风格的认识，却是朦胧的、模糊的。直到经过国家级的盆景专业活动的检验，河南盆景的取材与造型为中国盆景界的许多专家所认可，并有专家给予许多指导性的意见，这才使河南的盆景界清醒的认识到，中州盆景艺术风格的表现形式应该是：树种上，以三春柳、石榴、黄荆为特征；造型形式上，以垂枝式、云片式、自然式为特征；造型技艺上，以牵拉、蟠扎、修剪、嫁接为特征。这种明确的认识，为日后中州盆景艺术风格的形成与发展，起到了指导作用，也进一步明确了河南盆景今后的发展方向。

（二）21 世纪初的中州盆景艺术风格

早年，郑州盆景界缺乏精品意识。有人戏称郑州、河南的盆景是"大、老、粗"。原因是有些人在盆景评比或作品选拔时，为了吸引评委的眼球，不管自己作品的好坏，总想以大的、老的、粗的树桩取胜。这里"粗"，还有树桩缺乏精心的造型与管理，作品粗糙而且呆板的意思。

自 1982 年魏伟先生提出"要创出具有中州风格盆景"的建议，经过多年的发展，我们曾在 2000 年用"刚柔相济，雄浑粗犷"来概括中州盆景的艺术风格。这里的"刚"，是指盆景如同松柏所具有的阳刚之气；所谓"柔"，则指盆景如同垂柳所具有的阴柔之美；"雄浑"是指盆景具有苍古浑厚，雄健刚强之意；而"粗犷"则指盆景不刻意修饰，追求自然而又具有大气磅礴的气质。

21 世纪初，以郑州为代表的中州盆景出现了新的取材与造型，并表现出不同的地方艺术特色。

郑州金雀盆景在数量上和规模上进一步扩大。造型形式上由原来少数的自然式，扩展为垂枝式、云片式。用它无论做成何种形式的盆景，最明显的特色都是"叶秀英繁"。

以白刺花从事盆景制作的人越来越多。除梁风楼先生的自然式大树型的造型之外，又出现了云片式的造型。这类盆景最显著的优势，就是它的繁花"素洁高雅"。

在这个时期，郑州、商丘、漯河、许昌、新乡等地的原桩原果石榴盆景异军突起，发展迅猛，在省级、国家级的盆展活动中屡获奖项。尤其是郑州盆协齐胜利的《太平盛世》，以树桩枯朽、果实亮丽、坐果匀称的特点，在中国盆景展览中荣获大奖，更加突出了原桩原果石榴盆景的地方艺术风格。

多年来，郑州人用粗大的石榴、刺柏、侧柏老桩从事盆景制作，能让作品的高度控制在 1.2 米以下，从而符合中盆会制定的评比标准，只有短截才是唯一的办法。为了让经短截的桩材形成自然的过渡，郑州盆协注重将全国流行的松柏雕琢方法用于石榴、刺柏、侧柏的造型。经过精雕细琢和取势蟠扎，古桩石榴盆景凸显出"枯荣互映，英艳果繁"的艺术特色。而古桩的刺柏、侧柏盆景，则表现出"枯荣并济，雄浑粗犷"的艺术风格。在石榴、侧柏的雕琢造型方面，突出的有现副会长牛得槽先生，他还长于松树的雕琢。在刺柏造型方面，突出的有郑州盆协原副会长郭振宪先生，和"王守义十三香"原郑州神龙盆景园的郑州盆协副会长孙全义先生。近些年来，郑州盆协又不断涌现出石榴、侧柏盆景制作的优秀新生力量。

郑州盆协的常务副会长张顺舟先生，长期在人民公园专业从事盆景工作。在盆景植物的鉴别、造型、养护、管理诸方面都具有丰富的经验。他盆景制作的功夫深厚、操作娴熟，不仅制作的枸杞、芙蓉菊、木瓜等盆景作品各具特色，而且是他较早地从事侧柏、金雀、原桩石榴盆景的制作，在 21 世纪初的郑州盆景界，在中州盆景艺术风格的丰富发展中，具有一定的引领作用。

　　棠梨、山楂与枸杞，是郑州分布广泛的乡土树种。用棠梨制作的盆景具有"虬曲苍古"的特点。而山楂、枸杞盆景则突出地表现出"果丰如焰"的地方特色。

　　近些年来，郑州的蜡梅、梅花盆景发展迅速，且造型自然，作品突出了"疏影横斜"的艺术风格。

　　与此同时，挂壁式盆景也越来越受到郑州盆景界的欢迎。郑州市花卉盆景协会的原常务副会长刘景宏先生，制作的该类及何首乌盆景别有情趣（图5-1，图5-2）

图5-1　挂壁式石榴盆景　刘景宏　　　　　图5-2　何首乌《棚下话桑麻》刘景宏

　　当代优秀的水旱盆景、树石盆景最为人们喜闻乐见。垂枝式垂柳型的三春柳最能逼真地表现垂柳的风采。柳与水，是一种完美的自然融合；水旱盆景与垂柳型的三春柳又是一种完美的表现形式。郑州盆协率先制作的不同形式的此类水旱盆景，凸显出"柳映碧水"的艺术特色。

　　对于一种盆景艺术风格，应该用最精练的语言来概括。但对于刚刚出现又具有发展前途的盆景风格，我们从提倡、培养、推广的角度，去激励人们以新树材、新造型、新的造型方法从事盆景创作的积极性，在2010年出版的《中国中州盆景》中，进行了分门别类的总结。

　　针对三春柳盆景垂枝式、云片式两种造型，总结为阴阳并重，刚柔相济；针对垂枝式垂柳型的三春柳盆景，总结为圆转流畅，婀娜秀美；针对云片式松树型三春柳盆景，总结为密聚针叶，雄浑凝重；针对郑州与驻马店自然式；南阳云片式的黄荆盆景，分别总结为清秀潇洒，苍古浑厚；针对原桩大果改接小果石榴，以及全省的果树盆景，总结为果繁花艳，树果相宜；针对刚刚起步的金雀、白刺花盆景，总结为以材取势，因树造型；针对鄢陵新出现的自然式蜡梅盆景，总结为花香芬馥，简洁自然；针对刚刚兴起且重于雕琢的侧柏、刺柏盆景，总结为精雕细琢，枯荣互映。

这样分门别类总结的目的，正是为了推进经中州盆景艺术风格 20 年的发展后，出现的盆景新的取材，新的造型形式，以及新的造型技术的发扬光大。

（三）40 年来中州盆景艺术风格的总结与概括

今天，经过郑州市花卉盆景协会 40 年来的不懈努力，中州盆景的艺术风格日趋丰富，愈加成熟了。

21 世纪初，多种乡土新树材的使用，多种造型形式和造型技术的产生与创新，又丰富了中州盆景艺术风格的内涵。

自 2010 年以来，以郑州为代表的中州盆景艺术风格日新月异，我们也必须与时俱进地对之进行修正与补充。

就郑州盆景艺术风格的发展历史，我们可以把这 40 年，分为 1981 年至 2010 年的创立与成型和 2010 年至今的丰富与创新两个阶段。

对前 30 年这个阶段的中州盆景艺术风格，我们在《中国中州盆景》中已进行了初步的总结。

这里，我们按某个、某些树种原有艺术风格产生的变化，或针对某个、某些树种新出现的艺术风格，结合它 40 年来的发展历史和现状，进一步做出较为精准的总结与概括。

水畔植柳，柳映碧水，是园林设计常用的艺术手法。无论优秀的古典园林还是现代园林，柳与水的巧妙配置，都让人们竞相追逐，流连忘返。这种园林艺术手法也应该成为盆景设计借鉴的理念。针对最具有地方特色的垂枝式垂柳型三春柳盆景的艺术风格，结合新出现的各种形式的水旱类垂柳型三春柳盆景，我们总结为"婀娜秀美，柳映碧水"。

梁凤楼先生坚持 50 年的嫁接改种石榴盆景，树、叶、花、果的比例协调，又采用了自然式造型，每盆作品皆可小中见大，婉如一棵棵姿态优美的大树，起到了"树果相宜"的艺术效果。

21 世纪初，齐胜利将盆景的雕琢技术用于原桩原果石榴、侧柏树桩的造型；郭振宪将雕琢技术用于刺柏、侧柏、石榴树桩的造型；张顺舟、牛得槽也用雕琢技术制作了大量的松、柏、石榴等树桩盆景。他们精雕细琢的工艺和精心管理的技术，进一步丰富了郑州石榴和松柏类盆景的艺术内容。

因此，我们将原桩石榴盆景的艺术风格综合为"枯荣互映，英艳果繁"；我们将松柏类或仿松柏类的三春柳盆景统一总结为"枯荣并济，雄浑粗犷"；我们将金雀盆景总结为"叶秀英繁"；我们将白刺花盆景总结为"素洁高雅"；我们将棠梨盆景总结为"虬曲苍古"；我们将枸杞、山楂盆景总结为"红艳似火"；我们将蜡梅、梅花盆景总结为"疏影横斜"。

在对中州盆景艺术风格原有总结的基础上，我们结合目前新出现的新状况，统一进行梳理、归纳、总结。40年来的中州盆景艺术风格，可以用"刚柔相济，枯荣互映，雄浑粗犷，英艳果繁"来概括。

（四）中州盆景艺术风格今后的努力方向

进入21世纪第二个十年，垂枝式垂柳型三春柳的造型形式，重新受到郑州盆景界的广泛重视。在国家级的展出中屡次荣获大奖。

在2014年的中国风景园林学会花卉盆景赏石分会举办的第六届盆景学术研讨会暨全国盆景精品邀请展中，郑州市花卉盆景协会的原秘书长、副会长王俊升的垂枝式垂柳型三春柳作品《柳韵》荣获金奖（图5-3）。

图5-3　三春柳《柳韵》王俊升

在2017年的第11届国际（郑州）园博会中，郑州市送展了8盆三春柳盆景。其中1盆荣获金奖，2盆荣获银奖。

在 2019 年的中国北京世界园艺博览会中，齐胜利的该类作品《岁月如歌》荣获金奖。在同年的中国森林旅游节全国精品盆景展中，王俊升的垂枝式垂柳型三春柳作品《乡愁》，荣获金奖（图 5-4）。

在 2021 的第十届花博会中，齐胜利的《六月忘暑》（图 5-5）荣获金奖。

图5-4 三春柳《乡愁》王俊升

图5-5 三春柳《六月忘暑》齐胜利

从以上获奖的作品可以看出，对于郑州市花卉盆景协会而言，盆景的精细化，已为盆景艺术家进一步所重视。在 40 年来坚持追求三春柳盆景轮廓美的同时，更重视作品的年功、枝级的自然过渡，及其合理的布局与精扎细剪。让人不仅可以看到作品的外在美，更重要的是能让人欣赏到它美的内涵。

盆景艺术风格，总是在发展变化中逐步丰富与成熟的，经过长期的不懈努力，才能最终形成一个地域的盆景艺术流派。

每一个盆景流派，每一个地域的盆景艺术风格，都有一个最为突出的地方艺术特色。中州盆景及其艺术风格，之所以在全国产生较大的影响而自成一格，并独树一帜于中国盆景舞台，关键的因素在于它在那些年代所具有的"唯一性"，即在取材、造型、造型技艺诸方面的不可取代性。更具体地说，正是在中国乃至国际性的盆景展览展示活动中，郑州盆景界以唯一的三春柳为桩材、唯一的三春柳垂枝技术、唯一的垂枝式垂柳型三春柳盆景造型，逼真地表现出自然界垂柳的风采，并为业界所认可。

借鉴三春柳盆景的经验，确立今后中州盆景艺术风格的发展方向，具有重要的引领作用。

为此，我们一要厘清什么才是真正的中国盆景艺术；二要必须提高中州盆景的文化理论水平；三要坚持全面提升、重点发展的道路；四要明确创新永远是中州盆景艺术风格发展的动力；五要提高盆景的精品意识。

1. 正确识中国盆景艺术——中国盆景的概念

简单地说，盆景是以植物、山石、土壤与水等为基本材料，经过园艺栽培和艺术加工，在盆钵之中塑造自然景色的艺术品。由于它是立体的，其中的植物具有鲜活的生命力，而且随着岁月和季节的变换而变化，更能让人的情感融入其中，也更为人们所喜爱。

"盆景"一词，自北宋（国都为河南的开封）苏轼在他的《格物粗谈》中出现，至今已有上千年的历史。

为了让读者对中国盆景和中国河南盆景有更全面的了解，这里，就盆景的诸要素，为现代中国盆景下一个定义。

盆景的要素可分为三个方面的内容，即物质要素，精神要素和技法要素。

物质要素包括各类盆景所用的盆钵、植物、石料、土壤、水分，以及盆架、几座、配件等。

精神要素是指人们对盆景的审美理念，主要是指作品的意境。更具体说，是指盆景作品所具有的神韵和诗情画意。

技法要素是指人们将制作盆景的原材料，按照大自然的规律，对植物、石料等进行栽植、养护、蟠扎、修剪、锯截、粘合等进而组成"景体"这一创作过程中，所使用的技术、技巧和方法。

谈盆景的定义必然要涉及盆景的分类。目前中国盆景界把盆景分为植物盆景、山水盆景和介于二者之间的水旱盆景（含树石盆景）。微型或其他如挂壁形式的盆景，只是上述几类盆景的缩小或异变。

这里具体的谈谈各种要素在盆景中的作用，以及它们对确定盆景定义的意义。

盆钵，或谓盆盎，是盆景的载体。不把景体置于盆钵之中，就不能称为盆景。盆钵为载体，是盆景各种要素赖以存在的先决条件。

无论何种类型的盆景，其中的"景"是主体部分，我们可称其为"景体"。有盆钵无景体，就无盆景之说。

土壤，是盆景中植物赖以生存的基础。此外，盆钵中土面的不同造型，如土丘、沟壑、坡地、田野、道路等用一抔黄土即可用来表现大自然中的不同的地形地貌，并为景体的立意服务。

水分，不仅是所有类型盆景中植物赖以生存的基础，也是山水盆景、水旱盆景、树石盆景造型的必备条件。

树木或其他植物，不仅是植物类盆景和水旱盆景、树石盆景必备的要素之一，也是山水盆景中植物点缀不可或缺的。同样，石料不仅是山水盆景、水旱盆景或树石盆景的基本要素。而且，人们也常以石料点缀在植物类盆景之中，为景体增色。

此外，人们往往用不同的配件点缀在各类的盆景之中，丰富盆景的内容，还借以提示作品的意境，增强作品的艺术感染力。

按照中国的传统习惯，盆景还要置于盆架或几座之上，陈设于一定的环境之中，以提高盆景的观赏价值。

以上所说的是盆景中作为物质属性的各种要素。盆景也像诗歌、绘画、雕塑、舞蹈、音乐等艺术一样讲究作品的意境。盆景作品所表现出的意境，是盆景的灵魂，它最能表现盆景的本质。

盆景意境，是盆景艺术品通过盆景形象，以盆景语言表现出来的境界和情调。它对盆景作品境界的要求是出神入化，对情调的要求则要健康。盆景，作为艺术品，其境界不能出神入化，就缺乏艺术感染力，就不能让他人产生共鸣；其情调不健康，就是对盆景作品灵魂的亵渎与扭曲。

盆景，还像其他艺术作品一样，讲究作品要有神韵。

盆景的神韵，是指盆景作品能够具有精神韵致。它不强调作品中树木、山体的大小，叶片或山峰的多少，也不要求这些外表与大自然相似，而要求作品的外表一定要与所表现的自然界景色的神似，或者说是精神实质上一定要相似。以"文人树""素仁格"盆景为例，就是盆景创作者依"冗繁削尽留青瘦""一枝一叶总关情"的中国绘画原理，进行取舍。仅一两枝、三五叶，就别有韵致，就具有浓郁的韵味，表现出中国文人清高孤傲的精神风貌与情怀。

盆景技法，是指在盆景制作中使用的技巧和方法。盆景制作技法是变原材料为景体的主要手段。具体地说，对植物盆景而言，包括栽植、养护、造型、配件的使用等。对山水，水旱盆景而言，包括锯截、粘合、青苔培养、植物点缀与配件的使用等。但是，无论各类盆景的取势、造型、栽植、养护如何改变，我们都不能违背自然规律。比如乔木的树冠，山体的形状，大体都是下大上小，而不是相反。就如我们不能将人物或建筑配件倒置摆放是同样的道理。

此外，中国盆景的造型还必须符合中国的绘画原理，既要符合透视原理，又要掌握好大小比例。如同中国绘画中讲究"丈山尺树寸马分人"的原则。

盆景作为一门艺术，不仅要求制作者掌握和使用娴熟的技法，还要求制作者掌握和灵活运用艺术辩证法。在盆景的制作过程中，比如对材料的取势和造型，都能巧妙掌握"大与小""高与低""上与下""左与右""前与后""远与近""粗与细""疏与密""阔与窄""深与浅""巧与拙""正与斜""动与静"之间的辩证关系。可以说，盆景的技法是为作品的立意、意境服务的。盆景制作所生产的产品，不仅仅是简单的盆景，更不是过分雕琢或充满匠气的"工艺品"，而是富有深远意境和诗情画意的立体画面。

以上，谈到了盆景要素的各个方面。对它们加以整理和综合分析，采用归纳的方法，就可以对盆景下一个较为准确的定义，即盆景，是以盆钵为载体，以植物、石料、土壤、水分、配件等为材料，依据自然规律和绘画原理，运用盆景技法创作的具有一定意境并陈设与盆架几座之上的艺术品。

熟悉了中国盆景的概念，知道了什么才是真正的中国盆景，有助于我们创作出较高水平的中州盆景作品。

2. 提高文化理理论水平

古人云："破万卷书，行万里路，方可写诗作赋"。盆景艺术家应该像文学艺术家一样，多走多看，在现实生活中汲取营养。现代科技的进步，可以让人们足不出户就破万卷书，行万里路。通过电脑、手机浏览全国气象万千的山川河流、如画如图的湖光山色。这种长期积累的自然美融入胸中，再去从事盆景创作，才可以"读书破万卷，下笔如有神"。从而提高我们山水盆景、水旱盆景的创作水平。

人们常说，盆景源于自然，高于自然。我们首先应该从大自然的美景中提高艺术素养。现今，通过电脑或手机，不仅可以观赏到自然界中的古树名木，而且可以领略各种树木的自然美态，还可以仔细观赏揣摩绘画巨著，以及他人的盆景佳作。博观而约取，厚积而薄发，创作出贴近自然，贴近生活的盆景作品。

中国盆景文化，是中华民族优秀传统文化的一个组成部分。作为传统文化的一种艺术，盆景与绘画、书法、园林、建筑、雕塑、舞蹈、剪纸等，都同属于线条艺术。掌握线条美的表现形式，了解线条美变化的规律融入盆景创作，即可提高盆景艺术水平。著名的《凤舞》盆景，正是用榕树线条的轮廓，表现出凤凰舞动时优美的姿态，给人以美的愉悦。开创中国动势盆景的《风在吼》，正是运用向一边倾斜的线条，让人感受到无形而又强劲的风力下，大树临危不惧的动态。

从哲学领域而言，盆景文化也崇尚"天人合一"的认识观，体现中国"儒""道""释"

的大道。深刻识自然界中山水、植物存在的自然规律，让我们创作的盆景作品符合自然法则是必须首先考虑的。真正的艺术家是在盆景的创作上，娴熟地运用艺术的辩证法，才能使作品反映出"源于自然高于自然"的魅力。

盆景，在学术理论层面应该是"造景"。"景"是盆景创作的目的。用材、造型、造型的技术，包括盆钵、配件、青苔等的使用，都是为造景服务的。应该树立围绕造景促造型，促进造型为造景的理念。近一个世纪以来，那些让人铭记于心的优秀盆景作品，无不是以充满诗情画意的"造景"而让世人回味无穷。

中州盆景界的艺术家，在创作实践的同时，要提高自己的文化水平。逐步具备自己或他人创作、鉴赏过程、心得体会等的记录、表达与评述的能力。还应有对其他中州盆景艺术的分析、理解与包容。共同使中州盆景及其艺术风格有历史，有内容，有故事。共同努力，使中州盆景早日形成一个完整的体系。

20 世纪以来，我国著名的盆景艺术家、盆景史学专家，编著了许多专著及大量论文。他们对盆景的理解与论述，皆有独到之处。通过理论知识的学习，了解其他盆景流派或个人艺术风格的的长处，明白中州盆景存在的不足，才有利于中州盆景的丰富、完善与创新。

盆景艺术，和其他姊妹艺术同理同源。与其他门类艺术创作者一样，没有较深厚的文化积淀，很难创作出意境深远且具感染力、振撼力的优秀作品。郑州市花卉盆景协会有人说："盆景比拼，最终拼的是文化。"这句话一言而中的。

纵观 20 世纪的部分盆景优秀作品。周瘦鹃的《蕉石图》《竹趣图》《鹤听琴图》中，古代诗画的再现；徐晓白的《沁园春·雪》《枫桥夜泊》《北国春回》的诗情画意；潘仲连的《刘松年笔意》中松树雄健而不失典雅；赵庆泉的《八骏图》及许多水旱盆景所表现江南水乡的立体画面；贺淦荪的《秋思》总让人浮现出断肠人尚在天涯的凄凉景色；张瑞堂的《丰收在望》让人产生的即将收获的喜悦之情。这些有诗情富画意的盆景力作，既反映出作者文化积淀的深厚，又表现出作品所充满的书卷之气。

周瘦鹃先生说："凡是制作盆景的高手，必须胸有丘壑，腹有诗书，才能产生一盆富有诗情画意的高品。"

徐晓白先生不仅编著有《盆景艺术》《盆景》《中国盆景》《中国盆景制作技艺》等专著，他还认为，盆景是集美学、文学、园艺为一体的综合性艺术，没有深厚的文化素养是很难创作出好作品的。这些都说明了文化修养对盆景创作的重要性。

著名的艺术家奥古斯特·罗丹（Auguste Rodin）曾说："自然界不缺乏美的东西，缺乏的是发现美的眼睛"。提高文化水平，提升观察美、感悟美的能力，以及对盆景的鉴赏能力，盆景作品才有艺术张力，才有艺术感染力，才能让人产生共鸣。

一个有深度的盆景艺术家，从盆景学术，盆景理论上，必须清楚明白，盆景艺术的本质，是表现大自然和人类社会中的"真、善、美"。当盆景艺术家在自己的艺术实践中，抓住了"真、善、美"的时候，才能达到艺术的至臻境界，才能使自己的盆景成为不朽之作。

3. 全面提升，重点发展

"一招鲜吃遍天"的理念，对于盆景创作的个人来说，能促进艺术风格的丰富与发展。而对于全省性、全市性的中州盆景，则应该走全面提升、重点发展的正确道路。

就河南的中州盆景而言，郑州的三春柳；南阳的黄荆；安阳、许昌的果树；商丘的石榴盆景，应该"百尺竿头再进一步"，让其犹如烈日当空，光焰夺目。

就郑州的中州盆景而言，则要提升现有乡土树种的优势，如三春柳、石榴、刺柏、侧柏、金雀、白刺花、枸杞、棠梨、山楂的造型及其技艺的水平。创作出"己有而人未有"艺术作品，进一步使中州盆景及其艺术风格，独树一帜于中国乃至世界盆坛。

继续坚持重点地发展三春柳盆景。特别要坚持重点地发展垂枝式垂柳型的造型方向。要把垂枝式垂柳型三春柳盆景作为重中之重，将它作为中州盆景的核心竞争力。

目前，必须要重视并加大垂枝式垂柳型三春柳盆景形式的多样化。

为此，一是要创作出更多形式的水旱类作品，在突出中州盆景"刚柔相济"艺术风格的同时，以"山青水秀"的盆景艺术风格，来表达新时代国家治理黄河战略的新气象。二要在坚持张瑞堂、梁风楼"大写意"盆景的同时，创作出更多姜南"工笔画"盆景的作品。促进这类盆景的造型内容更丰富，形式更新颖。

今天，以积极探索的精神，创作出更多形式的垂枝式三春柳优秀作品，是中州盆景界人士不可推卸的历史责任。

4. 坚持创新发展之路

中州盆景艺术风格的历史，就是一部创新的历史。

中州盆景正是创新性的将三春柳、石榴等乡土树种用于盆景制作，并创新性地创作出三春柳垂枝式、云片式和石榴大果改接小果的盆景或原桩原果的石榴盆景，才有了今天被业界所认可的"中国中州盆景"。

郑州盆景取材的乡土树种是有限的，盆景的造型却是无限的。正像音乐仅有7个音符，但它们却能组合出无穷无尽优美动人的乐章。近 20 年来，精雕细琢的原果石榴、刺柏、侧柏盆景；金雀、白刺花、棠梨、山楂等的使用与新的造型形式的产生；各种水旱盆景类型的产生与发展，都是创新在起着基础性的作用。创新，永远是中州盆景艺术风格活的灵魂，它不仅能让艺术风格日趋丰富、日臻完善，还是让中州盆景艺术风格永不衰竭的生命源泉。

5. 提高盆景的精品意识

前边曾谈到人们戏称郑州，河南的盆景为"大、老、粗"。人们讥讽这种行为在于没有精品意识，还一味地追求参展、获奖的动机。

近几年，郑州对侧柏桩材追求"大、老、粗"的动机，完全在于追求经济利益，失去了侧柏盆景作为一种艺术品的意义。除了名利驱使的原因，缺乏盆景的鉴赏能力和自己动手的能力，也是不能产生盆景精品的重要因素。不少人热爱盆景，但不去钻研它，亲自动手制作它，不知道好的作品长处在哪里，差的作品不足在哪里，又没有积累和汲取取材、取势、蟠扎造型、锯截修剪的经验，最终使作品的质量得不到提高。

像黄荆、三春柳普通的树桩，在郑州是非常普遍易得的桩材。近些年大量的真柏小苗，价格也非常低廉，完全可以用来"练手"，借以提高盆景的制作能力。千里之行，始于足下；作品优秀，始于动手。有些人玩了一辈子的盆景，最终拿不出一件像样的作品，哪个不是因为不动手或动手少而造成的。

对于树桩盆景而言，向精品盆景创作者学习，是提高自己创作水平的捷径。例如：仔细琢磨他们对不同的桩材是如何取势的，他们的树形是如何设计又是如何塑造的，他们的树冠、枝冠是如何布局的？他们的盆景从树根到枝梢的自然过渡，与多级的枝级是如何形成的？他们健康茁壮的盆景生态是如何养护管理的，他们对盆景造型是如何精扎细剪的，他们的观花盆景是如何做到叶色翠绿，熠熠生辉，花朵繁多又花色艳丽的，他们的观果盆景如何做到果实累累，大小一致，坐果位匀称的。

创作精品的盆景，不能掺和半点虚假的东西。有些所谓的"精品"，从外表看，树桩的轮廓设计的不错。但从内部结构来看，没有自然的过渡，没有多级的分枝，没有枝条的放养过程。一句话总结就是：没有年功。就郑州的自然式黄荆盆景来说，桩材、取势、造型都很优秀。但由于枝条打头过于频繁，缺少了放养过程，枝条与树桩缺乏自然的过渡，总让人扼腕叹息。

6. 向人工育桩转型

由野外采桩向人工育桩转型，是中国盆景发展的必由之路。在许多国家或地区，破坏植被的野外采桩是触犯法律的。

日本的许多盆景园是家庭式、家族式的。作为一种行业，他们从小苗养起，长期培育，桩材代代相传，没有野外采桩的陋习。桩材长年培育，富有年功。精心地蟠扎与雕琢，其造型不是野桩却胜似野桩。国内有人以重金购回，按中国人欣赏盆景的习惯，再进行改型，也不失为一条捷径，但是必须要有雄厚的资金。

就国内 20 年来松柏盆景的发展，可谓是一段让人悲哀的历史。就山东而言，青州及全山东的柏树桩材挖完，由东向西，向豫、晋、陕、甘发展。稍晚一步的河南盆景界、根艺界，也不放过当地的崖柏资源，尤其是太行山中几十年、几百年、上千年的崖柏或侧柏惨遭厄运，能够幸存成活下来用于盆景的却廖廖无几。前对得起先人，后对得起子孙，人工育桩才是唯一的可行之路。

人工育桩，利在当代，功在千秋。从实践而言，人工育桩也有不少成功事例。例如：浙江的周修机先生，将他人工培育出的杂木类幼年桩材，放入木质或其他材质简单做成的箱子里放养，多年后，其效果令中国盆景界的有识之士倍加赞赏。家住城市，利用楼顶平台养桩的路全喜、杨自强、王俊升、姜南等人都有十分成功的先例，培育出许多盆景精品。

第六章

为中州盆景事业的发展而努力

（一）党和政府及市园林局的组织领导作用

20世纪70年代后期，大胆恢复与发展盆景这一传统文化艺术的任务，历史性地摆在人们面前。

为了推动郑州市的盆景事业顺利恢复与发展，当年作为郑州市委书记的李宝光同志，多次到碧沙岗公园盆景苑。有时她与其他领导同志一起，有时她一个人来到这里，询问盆景苑的建设情况，并对盆景老艺人杜清茂说："盆景有很高的观赏价值，我本人也很喜欢。盆景园有啥事情，可直接对我说。"体现出她对郑州盆景事业的关心与支持。

河南省政府、郑州市政府为了推动河南盆景事业的发展，在"河南省首届盆景展览"中，时任郑州代市长孙化三同志莅临参观，并给予题词。时任郑州副市长范连贵同志不仅关心郑州盆景事业的发展情况，而且对郑州市花卉盆景协会的成立也尤为关心，并给予大力支持。他陪同孙化三同志一起参加郑州市花卉盆景协会的颁奖大会（图6-1，图中左一为李春泰，左二为张瑞堂，左三戴眼镜者为孙化三，左四为徐建。）（6-2，右二范副市长，右三为游文亮。）为郑州盆景获奖者，以及为宣传中州盆景做出贡献的新闻工作者颁奖。他们热情的讲话，激励了郑州盆协的广大会员。

图6-1　孙化三为张瑞堂颁发奖状　　　　　　　图6-2　范连贵为游文亮颁发奖状

张世英同志在担任副市长期间，不仅为郑州参加全国盆景展览批拨经费，仔细询问参展的准备及展览中的情况，还被聘为郑州市花卉盆景协会的名誉会长。

曾主抓城建工作的副市长李生盛同志，听到孟兰亭关于郑州参加第二届中国盆景评比展览的情况汇报后，与园林局的领导同志一块儿接见获奖人员，为他们颁奖（图6-3），并与他们合影留念（图6-4）。百忙之中参加了第四届郑州市盆景展览的颁奖大会（图6-5）。

他退休后，作为郑州市花卉盆景协会的名誉会长，仍不辞辛苦地为郑州参加全国盆景展览筹划经费。

20 世纪 80 年代中期之后的时间里，河南中州盆景在全国性、国际性的盆景活动中影响力越来越大。不仅当时的省长到碧沙岗公园的盆景园了解这里盆景的发展情况，时任国务院副总理还专程到碧沙岗盆景园视察，在参观了解中州盆景的发展情况之后，在盆景园的大型山水盆景前，与同行人员和这里的盆景工作者杜虎岭合影（图6-6）。

图6-3 李生盛为鹿金利颁发奖状

图6-4 李生盛、周延江与获奖人员、协会部分会员合影

图6-5 郑州市第四届盆景展颁奖大会

几十年来，在中央和历届省、市领导的关心支持下，以及市园林局历届领导对郑州花卉盆景的重视，中州盆景及其艺术风格的产生与发展得到了有利的条件。

郑州市园林局承办了1982 年的首届河南省盆景展览，还于2009 年在郑州植物园承办了第八届河南省盆景展览，组织展品达 1600 余盆。2017 年，郑州市园林局承接了第 11 届（郑州）国际园林博览会组展的具体工作。组织郑州市花卉盆景协会的30盆作品，郑州植物园的盆景作品参展，展示了20多年来中州盆景的新面貌。

在市园林局的大力支持下，郑州市花卉盆景协会相继举办了十二届盆景展览。于2018年在人民公园组织举办的郑州市第十二届盆景展览中，参观人数多达35万人次。

市园林局为了推动郑州市盆景事业的发展，在碧沙岗公园的基础上，又相继辟建了多个园林系统的专业盆景园。

现在的碧沙岗公园盆景园名为柘园，建成于2018年，有盆景360余盆，专业管理人员10人。20世纪60年代中期，原盆景园占地5000平方米左右，有盆景300盆。碧沙岗公园的盆景园是河南省第一个盆景园，也是中州盆景的发源地（图6-7至图6-9）。

图6-7　海棠　碧沙岗公园

图6-8　蜡梅　碧沙岗公园

图6-9　海棠　碧沙岗公园

人民公园秋园，始建于1983年。整体建筑仿照苏州园林风格，集展厅、游廊、小桥、流水、红鱼于一体，环境宁静优雅。培育的成品盆景有1300余盆，微型盆景有2000余盆，荣获国内大型展览奖项300余项（图6-10至图6-12）。

图6-10 梅花 人民公园

图6-11 梅花 人民公园

图6-12 山葡萄 人民公园

紫荆山公园盆景园名为梦溪园，建成于 2012 年，占地 3000 平方米。现有盆景专业管理人员 4 名（图6-13 至图6-15）。

图6-13 梅花 紫荆山公园

图6-14 梅花 紫荆山公园

图6-15 梅花 紫荆山公园

郑州植物园盆景园，以"取山川来掌上，携天地入玉壶"的理念建园。占地2.1公顷，以介绍、收集、展示、制作和研究中州盆景为主。其中的树桩盆景主要采用黄河流域分布广泛的黄荆、山榆、石榴、枸杞、三春柳等乡土树种。仅形态各异的石榴盆景就多达120余盆，突出了中州盆景的艺术特色（图6-16至图6-18）。

图6-16　石榴　郑州植物园

图6-17　雀梅　郑州植物园

图6-18　梅花　郑州植物园

近些年来郑州市绿文广场管理处（图6-19，图6-20）和郑州市绿城广场（图6-21，图6-22）都增加了盆景的数量。

图6-19 垂枝式梅花盆景 绿文广场

图6-20 大树型梅花盆景 绿文广场

图6-21 斜干式梅花盆景 绿城广场

图6-22 悬崖式梅花盆景 绿城广场

　　郑州市中州盆景园（西流湖公园盆景园）为了高举几十年来郑州市所创立的中州盆景的大旗，在时任主抓城建的郑州市副市长穆为民、时任郑州市园林局主抓业务的副局长薛永卿的大力支持下，在西流湖专门辟建了郑州市中州盆景园。这种"政府搭台，盆景艺术家唱戏"的新模式，在第十一届国际园林博览会中受到中国风景园林学会花卉盆景赏石分会的高度评价。

西流湖公园管理处也十分重视公园自身的盆景发展。近些年制作的蜡梅、梅花盆景在展览活动中，都取得了优秀的成绩。

薛永卿同志在长期担任园林处处长、园林局局长期间，高度关注中州盆景事业的发展。具体策划并组织了第八届河南省盆景展览，第十届、第十二届郑州盆景展览。在郑州市盆景协会组织作品参加省级、国家级的专业活动中，都给予了大力支持。以郑州市园林局为领导的，以郑州市花卉盆景协会为群众基础的盆景队伍，为总结、弘扬与传承中州盆景及其艺术风格，并为它的宣传、普及与发展铺平了前进的道路。

（二）郑州市花卉盆景协会为中州盆景的发展而努力

创立、弘扬与传承"中州盆景"是郑州市花卉盆景协会立会的初心与使命。为了实现这一目标，协会从不同方面做出了各种努力。

1. 广泛发展会员，壮大协会组织

郑州市花卉盆景协会成立时，仅有会员 30 ～ 40 人。近十几年来，会员已增加到 150 余人。其中不仅有专业盆景工作者，还有市民中的工人、农民，以及一些单位的离退休领导干部、一些企事业单位的职员。他们在协会中学习盆景知识，提高创作水平。比如，郑州市重工局机关原党委副书记王俊升同志，退休后热衷于盆景创作。他的盆景两次代表协会在国家级的展览活动中荣获金奖，成为 21 世纪以来发扬垂枝式垂柳型三春柳盆景艺术风格的中坚力量。郑州市上街区一名新会员的金雀盆景，在沭阳举办的中国盆景精品展中荣获银奖，还被当地的盆景爱好者以 35000 元的价格购买。

协会为农村的经济发展服务，将荥阳刘沟的石榴盆景园发展为骨干团体会员。在郑州下辖的所有的区、县、市，分别成立了分会或小组，提高他们的技术水平，扩大盆景生产规模。

协会作为桥梁，将盆景事业由中心市区拓展至郊县，由城市拓展至乡村，为农民的脱贫服务。并由盆景界精英发展到市民、村民，积极为郑州市的盆景艺术发展服务，为丰富市民群众的文化生活服务。

如今，协会不仅把郑州园林单位的专业盆景园作为骨干单位，还与一些企事业单位的盆景园紧密地团结在一起，把郑州市的盆景事业拓展至事业单位。

河南省航海健身园盆盆景园，始建于 2008 年，按照健身园发展需要，参照公园标准进行整体规划，突出健身园区特色，打造一处园林景观，定位为盆景园，占地近 1000 平方米。有盆景 130 余盆，以杂木类的白蜡、石榴、榔榆，以及常青的罗汉松、黑松、龙柏为主。多次荣获国家级、省级盆景大奖。为该园融入西流湖整体规划，为郑州市的生态文明建设贡献了一分力量（图 6-23 至图 6-25）。

图6-23 榆树 河南省航海健身园　　图6-24 榆树 河南省航海健身园　　图6-25 榆树 河南省航海健身园

为了加强郑州市的生态文明建设，丰富师生的文化生活，郑州大学相继辟建了郑州大学体育学院盆景园、郑州大学体育学院登封分校盆景园。

校本部盆景园，其作品 110 盆，以大型高档的龙柏、白蜡、黑松、榔榆为主，另有金雀、雀梅、凌霄等乡土树种的盆景，作品凸显雄浑大气的艺术风格（图 6-26 至图 6-28）。

图6-26 榆树 郑州大学体育学院　　图6-27 榆树 郑州大学体育学院　　图6-28 榆树 郑州大学体育学院

郑州大学体育学院登封分校盆景园始建于 2014 年。它是河南省老年人体育协会在登封校区建设的河南老年人健身中心，是河南全民健身基地的重要组成部分，有盆景 130 余盆，特色品种主要有 1500 年银杏老桩 1 棵、大型白蜡 7 棵、罗汉松 21 棵、侧柏 8 棵及中型白蜡、银杏等。作品苍劲刚健，别具一格。它们作为事业单位的盆景园，在郑州的盆景事业中起着骨干作用（图6-29至图6-31）。

图6-29　侧柏　郑州大学体育学院　　图6-30　侧柏　郑州大学体育学　　图6-31　榆树　郑州大学体育学院
　　　　　登封分校　　　　　　　　　　　　院登封分校　　　　　　　　　　　　登封分校

　　如何大规模地发展郑州市的盆景事业，如何由协会中的小型盆景专业户拓展至大型企业盆景园。协会与规模较大的个企盆景园紧密联系在一起，并加强了与他们的合作，增加了协会盆景及其精品的储量，为举办大型的展览活动奠定了基础。

　　河南省魔树园林工程有限公司是一家生产大型景观盆景树的企业它们的盆景园以地方柏树和对节白蜡为主要特色，并且储量很大（图6-32至图6-37）。

图6-32　白蜡　河南省魔树环保有限公司　　　　　图6-33　白蜡　河南省魔树环保有限公司

图6-34 白蜡 河南省魔树环保有限公司

图6-35 白蜡 河南省魔树环保有限公司

图6-36 白蜡 河南省魔树环保有限公司

图6-37 白蜡 河南省魔树环保有限公司

娄安民盆景园，是郑州市著名企业家娄安民先生投资兴建的私家盆景园。娄安民拥有郑州、河南众多的地方盆景精品。娄安民盆景园的作品在各种盆景展览活动中屡屡荣获大奖，该盆景园是郑州市花卉盆景协会的骨干单位（图6-38至图6-44）。

图6-38　石榴　牛得槽

图6-39　石榴　娄安民

图6-40　石榴　娄安民

图6-41　榆树　娄安民

图6-42　白蜡　娄安民

图6-43　石榴　娄安民

图6-44 罗汉松 娄安民

郑州黄河逸园盆景园，座落在郑州的黄河之滨，是河南投资规模最大的私企盆景园之一，拥有大量的地方树种与松柏盆景。在河南省第八届盆景展览中郑州黄河逸园盆景园是获奖最多的单位（图 6-45 至图 6-47）。

图6-45 黑松 郑州黄河逸园 李大勇　图6-46 黑松 郑州黄河逸园 李大勇　图6-47 黑松 郑州黄河逸园 李大勇

2. 变单一的盆景事业为盆景产业，为经济发展做贡献

如何提升会员的艺术水平和他们手中盆景的质量，并能与全国的盆景同步发展。增加会员收入，更新桩材品质，是唯一的可行之路。为此，协会倡导会员在提高自己造型技术的同时，提高盆景的质量，主动把盆景作品打入市场。部分会员盆景销售的年收入有几万元，十几万元。部分收入稍高的达到二三十万元。郑州市花卉盆景协会的副会长牛得槽，至 2019 年盆

景的销售额每年保持在 100 万元，最高的多达 130 万元。一个从鄢陵来这里销售花卉盆景的年轻农民，在郑州得到了充分发展。会员经济收入提高了，促进了盆景作品的更新和品种的丰富，也使协会高品质的盆景增加了储量。

3. 为厚重的河南文化填补空白

河南是全国著名的文化大省，各种文化积淀厚重。河南盆景艺术作为一种文化，在历史上，特别是在唐宋时期曾有过它的辉煌。

郑州，是当代中州盆景的发源地，郑州市花卉盆景协会是当代中州盆景的首创者，郑州市花卉盆景协会，就是印证河南盆景文化是河南文化不可或缺的一部分，有不可推卸的历史责任。

古都洛阳、开封的古典盆景，在中国的古典盆景文化中，都占有重要的历史地位。如何挖掘这一传统的历史文化，古为今用，如何让当代中州盆景与古典的中州盆景衔接起来，从而形成为完整的体系，历史性地摆在人们面前。

为此，游文亮、游江父子，在郑州市二七区樱桃沟管委会及袁河社区的大力支持下，于2011 年在袁河古寨上辟建了河南中州盆景文化园。这也是我国少有的盆景实物与盆景文化相结合的园地之一（图 6-48 至图 6-50）。笔者通过搜集我国各种有关盆景的历史文献，翻阅各种有关盆景的书刊，查找与河南盆景有关的各种资料。最终从中国民族文化发展中占有重要地位的河南陶瓷文化、诗歌文化、绘画文化、园林文化、园艺文化与河南盆景文化的关系，印证了河南盆景文化在中国民族文化中的历史地位，也印证了河南盆景文化是整个河南地域文化的一部分，还通过大型的第十二届郑州市盆景展览，图文并茂地把这些内容广泛地进行宣传。

图6-48 河南省中州盆景文化园一角　图6-49 河南省中州盆景文化园一角　图6-50 河南省中州盆景文化园一角

郑州市花卉盆景协会作为河南中州盆景的首创者，曾不遗余力地把它推向全国。对这种文化系统地进行总结，进而使其成为河南文化不可或缺的一部分，是我们责无旁贷的历史责任。为此，我们还通过多种渠道向河南省文化厅、河南省文联的主要领导和部门负责人，介绍了中州盆景文化的历史与现状，为河南中州盆景的弘扬与传承，为填补河南文化的缺失尽到了应有的责任。

4. 拓展中州盆景艺术风格的取材与造型

40 年前，就盆景的取材而言，那个时期仅仅是把三春柳、石榴、黄荆作为中州盆景的代表树种。今天，又出现了新的乡土树种，如金雀、白刺花、侧柏、刺柏、山楂、棠梨等，不仅为中国盆景界所看好，而且用这些树种制作的盆景又产生了新的造型与技法。

为此，郑州市花卉盆景协会，对三春柳新的不同造型专门召开学术研讨会给予推介（图 6-51）。为了提高会员盆景的制作水平，不间断地举办各种形式的研讨会和演示会（图 6-52）。坚持对大果改接小果石榴盆景给予提倡，对新流行的原果石榴盆景充分肯定的同时给予推广，对日益普及的金雀、白刺花、侧柏、刺柏的取材与造型进行总结与提倡。

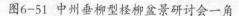

图6-51 中州垂柳型桎柳盆景研讨会一角　　　　图6-52 协会新老秘书长在盆景创作研讨会上

首届郑州市月季花会中出现粗放的大型组合月季盆景之后，近一二十年从事月季盆景制作的个人或单位越来越多。中小型的、微型的、组合形的作品琳琅满目，且越来越凸显月季盆景的艺术性（图 6-53），为郑州市花月季锦上添花。

（a）　水旱类月季盆景　植物园

（b）　附石式月季盆景

（c）　水旱类月季盆景

（d）　水旱类月季盆景　西流湖公园

（e）　微型组合月季盆景　碧沙岗公园

（f）　微型组合月季盆景　人民公园

图6-53

上述这些，不仅拓宽了中州盆景的领域，还使中州盆景的艺术风格与时俱进地丰富起来。

5. 重视盆景相关专业人才，同步发展盆景姊妹艺术

郑州市花卉盆景协会人才济济，一些会员具有不同的专业技术。2021 年已 94 岁高龄的老会员魏义民先生是乡土树种三春柳、石榴盆景制作的行家里手，50 年前他的太行山斧劈石山水盆景，与姚乃恭先生的作品一起引领了郑州山水盆景的发展。魏先生多才多艺，他所制作的戏曲脸谱、猴加冠，泥塑的动物、植物，别出心裁，栩栩如生，曾被中央、河南省、郑州市新闻媒体屡屡报道。2000 年，他因股骨径骨折后腿脚行动受限。出于对盆景的热爱，他用土泥制作的树桩盆景，可谓栩栩如生（图6-54 至图 6-57）。

图6-54 泥塑红枫盆景 魏义民

图6-55 泥塑红枫盆景 魏义民

图6-56 泥塑红枫盆景 魏义民

（a）泥塑瓜子黄杨盆景　魏义民

（b）泥塑刺柏盆景、兰草盆栽组合　魏义民

（c）《报晓》泥塑盆景　魏义民

（d）泥塑盆景组合　魏义民

图6-57

　　姜南先生曾担任河南省根雕艺术协会与郑州市花卉盆景协会的秘书长。他的根雕作品为人乐道，用泥土烧制的陶瓷人物、盆景配件，用枯树枝制作的盆景，可谓匠心独运（图6-58至图6-62）。

图6-58 枯树盆景（柳） 姜南

图6-59 枯树盆景（杂木） 姜南

图6-60 枯树盆景（柏） 姜南

图6-61 枯树盆景（柏） 姜南

图6-62　枯树盆景（柏）　姜南

　　盆景设计是近些年新兴的一种盆景艺术门类，有着广阔的发展前景。这种绘画与盆景相结合的艺术，也是学习盆景造型的一条捷径，在盆景制作中起着"有章可循"的设计作用。它能合理地使用和发挥盆景素材的最大优势，还可避免盆景造型中出现重大的失误。

　　郑州花卉盆景协会副会长王新学、登封分会秘书长张晓磊具有绘画基础。他们将自己的专长不仅用于自己的桩材造型，还为会友珍视的桩材反复设计，使会友特别是盆景初学者从中受益。

　　王新学根据郑州常见的乡土树种桩材，设计的单干、双干、多干，以及多种形式的效果图，具有很高的盆景艺术价值，也促进了会友盆景取势造型水平的提高（图6-63至图6-89）。

图 6-63

图 6-64

图 6-65

图6-66

图6-67

图6-68

图6-69

图6-70

图6-71

图6-72

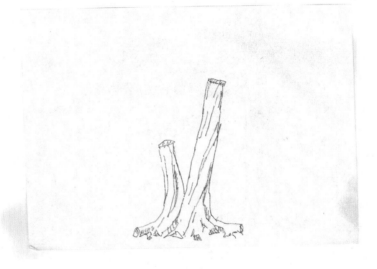

图6-73

图6-74

图6-75

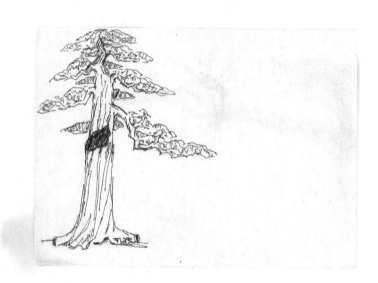

图6-76

图6-77

图6-78

图6-79

图6-80

图6-81

图6-82

图6-83

图6-84

图6-85

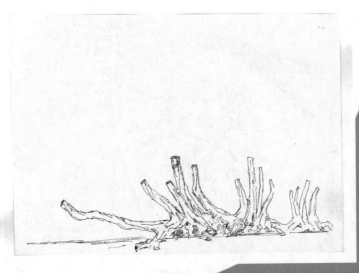

图6-86

图6-87

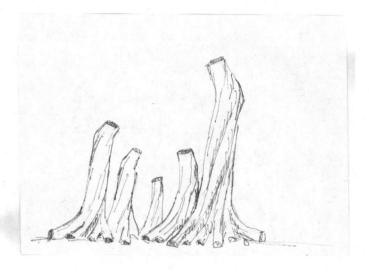

图6-88

图6-89

　　张晓磊的优秀盆景作品描绘（图6-90，图6-91，图6-92，图6-93）则将一些值得借鉴盆景的骨架描绘出来，或稍作改动使之尽善尽美，不仅表现出他深厚的绘画功底，也为盆景制作起到了参考作用。

图6-90

图6-91

图6-92

图6-93

　　姚卫平先生用金属丝制作的树桩盆景作品，体现了他对树桩盆景的深刻理解。他所制作的各种形式的金属丝盆景（图6-94）惟妙惟肖，不仅具有较强的观赏性，还可作为树桩盆景制作的范例。这种形式与盆景设计、描绘，有着异曲同工之妙。

（a）

（b）

（c）

（d）

（e）

（f）

（g）

图6-94　各种形式的金属丝盆景　姚卫平

 中国盆景讲究"景""盆""架"的统一搭配。协会会员孟建民长于木料的精加工。他根据郑州盆景的地方特色,所制作的各种盆架做工精细,坚固适用。作品既保持了与中州盆景的统一性,又具有中州地方特色,还较外地的同类商品经济实用(图6-95,图6-96,图6-97,图6-98,图6-99)。

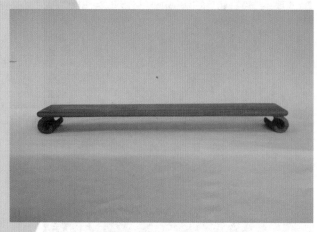

图6-95

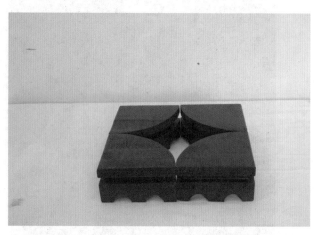

图6-96

图6-97

图6-98

图6-99

　　盆景艺术，欲使之形成为一种地方风格，并最终成为一种艺术流派，首先必须具有人们所认可的独特的艺术特色。其次必须有人为之创作，为之总结，为之倡导，为之创新，为之传承，为之张扬，持之以恒地使它具有完整性、系统性、创新性和延续性。

　　创立当代中州盆景及其艺术风格的初心是想在文化积淀丰厚的河南，形成一种前所未有的盆景艺术流派。而艺术流派形成的基础条件，则是艺术风格的丰富与成熟。

　　为此，有志于实现这一宏伟目标的河南盆景界人士，不仅要失志不渝于地忠心守成，更要有坚持不懈的探索与创新，努力使中州盆景艺术风格日趋丰富，愈臻成熟，早日实现让人们所认可的中州盆景艺术流派，从而让它屹立于中国乃至世界盆坛。

　　有幸担当这一重任的中州盆景界的志士仁人，我们要在坚持中传承，在传承中发展，在发展中弘扬，在弘扬中创新，在创新中总结，在总结中再创新。如此反复努力，这应该是几代中州盆景人士光荣的历史使命。

　　让我们在为中州盆景及其艺术风格辛勤的努力中不断创新。在为中州盆景艺术流派早日实现的漫漫征程中不断奋进。

第七章

会员作品选登

金雀　陈建国

悬崖式三春柳　冯天国

山水盆景 高强

山水盆景 高强

金雀　郭广亮

小叶女贞　郭新胜

刺柏　郭振宪

山水　郭振宪

山水　郭振宪

刺柏　郭振宪

刺柏　郭振宪

刺柏　郭振宪

刺柏　郭振宪

梅花水旱盆景 河南省工人文化宫

黑松 河南省航海健身园

罗汉松 河南省航海健身园

榆树　河南省航海健身园

刺柏　河南省航海健身园

郑州市皇府鲍鱼酒店

附石榆树 娄安民

榆树 河南省航海健身园

附石榆树河南省航海健身园

地柏 李金山

石榴 李金山

丛林盆景 李艺良

盆长60，树高85，宽100

黑松 李艺良

黄杨 李正年

黄扬，名，大鹏展翅。
盆长九十，高115。展175。

黄杨 李正年

雀梅 李宗耀

小叶女贞 李宗耀

三春柳　梁凤楼

石榴　梁凤楼

石榴　梁凤楼

石榴　梁凤楼

石榴　梁凤楼

石榴　梁凤楼

黄栌　刘朝阳

金雀　刘朝阳

迎春 刘朝阳

真柏 刘世勋

龙柏　刘世勋

真柏　娄安民

榆树　娄安民

雀梅　娄安民

胡颓子 马敏

白蜡 马敏

小叶女贞　马敏

黄荆　毛保国

棠梨　牛得槽

石榴　牛得槽

榆树　牛得槽

刺柏　牛得槽

白蜡　牛得槽

真柏　牛得槽

白蜡 娄安民

白蜡 牛得槽

石榴　齐胜利

三春柳　齐胜利

三春柳　齐胜利

黑松　齐胜利

黄荆 人民公园

朴树 邵楚宁

雀梅 邵楚宁

三春柳 沈永志

三春柳 沈永志

三春柳　孙玉高

迎春　孙玉高

三春柳 孙玉高

三春柳 孙玉高

枸杞　王根方

迎春　王根方

黄荆　王桂玲

地柏 王俊升

金雀 王俊升

石榴 王顺心

石榴 王顺心

榆树　王新学

石榴　吴学仁

雀梅 吴学仁

雀梅 吴学仁

石榴　吴学仁

三春柳　西流湖公园

三春柳　西流湖公园

三春柳　西流湖公园

三春柳　西流湖公园

棠梨　闫桂林

小叶女贞 杨宝生

石榴
65cm*40cm
杨忠明

石榴 杨忠明

黄杨
30cm*40cm
杨忠明

黄杨　杨忠明

珍珠柏
20cm 飘长60cm
杨忠明

珍珠柏　杨忠明

金雀 杨自强

金雀 杨自强

雪艾　姚乃恭

山水　姚乃恭

刺柏　姚乃恭

金雀 姚乃恭

榆树 姚乃恭

山水　姚乃恭

地柏　游江

银缕梅 游江

银缕梅 游江

龙柏　张保仁

金雀　张国军

金雀 张国军

金雀 张楠

金雀　张楠

雀梅　张晓磊

水杨梅 张晓磊

榔榆 张晓磊

石榴 郑州大学体育学院登封分校

附石榆树 郑州大学体育学院登封分校

石榴 郑州大学体育学院登封分校

金雀 郑红雷

石榴　郑红雷